城镇供水管网水质安全运行管理技术应用手册

张金松　王　全　顾婷坤　主编

中国建筑工业出版社

图书在版编目(CIP)数据

城镇供水管网水质安全运行管理技术应用手册/张金松,王全,顾婷坤主编.—北京:中国建筑工业出版社,2022.5
ISBN 978-7-112-27275-4

Ⅰ.①城… Ⅱ.①张…②王…③顾… Ⅲ.①城市供水系统-管网-水质管理-手册 Ⅳ.①TU991.33-62

中国版本图书馆 CIP 数据核字(2022)第 062131 号

本书分 8 章,分别是:供水管网水质安全影响因素概述、基于供水管网水质稳定的出厂水水质调控技术、供水管网更新改造、供水管网运行管理、供水管网维护管理、二次供水管理、风险管控与智能管理、供水管网水质安全管理。
本书可为广大供水行业从业人员使用。

责任编辑:于 莉
责任校对:李美娜

城镇供水管网水质安全运行管理技术应用手册

张金松 王 全 顾婷坤 主编

*

中国建筑工业出版社出版、发行(北京海淀三里河路 9 号)
各地新华书店、建筑书店经销
唐山龙达图文制作有限公司制版
北京建筑工业印刷厂印刷

*

开本:787 毫米×1092 毫米 1/16 印张:9¾ 字数:243 千字
2022 年 6 月第一版 2022 年 6 月第一次印刷
定价:40.00 元
ISBN 978-7-112-27275-4
(37717)

前　言

随着我国经济、社会进入高质量发展阶段，人们对生活饮用水的健康意识、口感和舒适度要求日渐提高，我国供水行业的关注点更多地聚集到品质提升。如深圳市在《深圳经济特区率先建设社会主义现代化先行区规划纲要》中明确提出到 2025 年，要全面推广直饮水入户，率先在全国实现公共场所直饮水全覆盖；上海市政府在 2018 年发布了《上海市城市总体规划（2017—2035)》，提出与同期欧美发达国家同级城市保持同等水平，满足直饮需求。昆明、包头、东营等城市也结合地区发展目标，根据自身特点，陆续探索具有地区特色的高品质饮用水的建设探索。

这种对生活饮用水的高品质要求的变化，推动供水系统加强从源头到龙头的水质安全保障，在提高城市供水基础设施建设标准的同时，加强全流程的精细化管理水平，最终全面提高城市供水供给能力和供给质量。在水质安全保障的过程中，基础设施的日常运行管理是重点，而水在供水管网内仍然会发生各种复杂的物理、化学和生物变化，为全面保障城市供水管网水质安全，全面提升"最后一公里"的水质，管网设施的规范化、精细化运行管理尤为重要。

本手册涉及的供水管网水质安全是指同时满足用户在水质、水量、水压三方面的要求，全面保障管网水的持续、稳定、优质供给。手册对水体污染控制与治理科技重大专项（简称水专项）实施以来的供水管网水质稳定技术研究成果进行总结和凝练，以保障城市供水管网水质安全为核心，对供水管网水质化学稳定性、生物稳定性的判别及调控方法、实践经验进行归纳，并对供水管网更新改造、运行、维护、二次供水、风险管控与智能管理等运行管理技术经验进行介绍，为保障供水管网水质安全提供技术支撑。

本手册的编写工作得到了住房和城乡建设部水专项管理办公室、水专项主题专家组和饮用水主题专家组的支持和指导。在此，谨表示衷心感谢！

本手册由张金松、王全、顾婷坤主编，各章主要撰写人员为：第 1 章，邹苏红、曾翰；第 2 章，王海波、邹苏红、曾翰；第 3 章，姜浩、祖恩弟、范典；第 4 章，吴若希、周韧、徐锋、侯帅华；第 5 章，姜浩、范典、祖恩弟、徐江和、刘湘莲；第 6 章，周韧、徐锋、侯帅华、姜浩；第 7 章，邹苏红、刘海星、范典；第 8 章，邹苏红、黎海华、刘湘莲。

审查单位：住房和城乡建设部科技与产业化发展中心。

主要审查人：田永英、任海静、张东、顾军农、王广华、赫俊国、蒋福春、刘水。

本手册由住房和城乡建设部标准定额司负责管理，由主编人员负责具体技术内容解释。

目 录

第 1 章

供水管网水质安全影响因素概述

供水管网水质安全是指在水的输送与利用的过程中，水不会引起管道腐蚀或结垢，不会引起大肠杆菌等异养菌再生长，各项水质物理、化学、生物指标的变化均在可接受的范围内。为确保供水管网水质安全，仅靠维持水厂出厂水的水质化学稳定性、生物稳定性是远远不够的，这是因为在供水管网这样的大型封闭系统内，老旧的或管材不合理的管道仍会导致污染物的产生，水力条件的扰动可能导致管道内的沉积物被冲起，外来的污染物也可能从管道的破损处或在管道施工过程中被引入管网内，这些内在或外在的因素都有可能影响供水管网水质安全。因此，在确保出厂水水质稳定的前提下，还需要辅以合理的供水管网更新改造措施、运维措施、水质监控手段等，避免污染物的产生或侵入，维持供水管网的水力稳定，保障从出厂到龙头全过程的水质安全。

影响供水管网水质安全的因素包括出厂水的水质状况、水在管网及构筑物中停留时间的长短、供水管网管材的结垢及腐蚀影响、供水管网的日常运行和维护操作、二次供水设施的操作等。关注供水管网水质安全，不仅需要详细梳理、分析引发供水管网水质安全的原因，同时还应加强日常的水质监测及供水管网运行状况评估，提高供水管网水质风险管控意识，以更好地指导及开展供水管网日常运行维护及更新改造等相关工作。

1.1 出厂水水质对供水管网水质的影响

出厂水的水质状况与供水管网的水质优劣息息相关。如果出厂水的合格率不高，将导致管网水在输送过程中受到污染的机会和程度大大增加。出厂水的 pH、碱度、腐蚀性阴离子等水质参数是铁质管道腐蚀的重要影响因素，如调控不当则会加速铁质管道的腐蚀，促进供水管网中铁的释放，严重时甚至引发"黄水"现象。如果出厂水中锰含量过高，在供水管网中被氧化成二氧化锰并沉积于管壁，形成粒膜状泥渣，当供水管网的水力条件发生变动时，则可能导致泥渣剥落而产生黑水问题。如果出厂水中有机物含量过高，或加氯量不够，则可能导致供水管网中细菌、大肠杆菌等微生物大量繁殖，从而影响供水管网水质。

1. pH 与碱度

pH 升高对供水管网中铁的释放量的减少有积极作用。pH 的升高可以加快非溶解性 Fe_2O_3 和 $Fe(OH)_3$ 的生成速率，这些非溶解性铁的化合物可能会加固供水管道腐蚀产物中的微孔结构，使其变得致密，铁释放程度逐渐降低。同时，致密的管道腐蚀产物可能会降低离子在其内部的传输速率，从而降低腐蚀速率和铁释放速率。

碱度的增加与铁释放速率存在负相关性，虽然碱度升高会使水中离子强度和电导率相应增加，但是提高碱度仍能有效控制铁释放。原因在于：通过溶度积常数可知，随着碱度的增加，水中溶解性 Fe^{2+} 浓度变小，二价铁以 $FeCO_3$ 形式析出，管壁形成了 $FeCO_3$ 和 $CaCO_3$ 的保护膜，$FeCO_3$ 继而转化为 Fe_3O_4，Fe_3O_4 稳定性高，抑制了铁离子的释放；另外，较高浓度的碱度具有较强的缓冲能力，能够稳定 pH，从而促进致密型腐蚀产物的形成，抑制铁释放。

2. 腐蚀性阴离子

许多研究表明氯离子和硫酸根浓度的增加会促进供水管网铁释放。氯离子和硫酸根作为阴离子，维持着管道腐蚀产物内电解质的电中性，氯离子和硫酸根浓度的增加，会使得水溶液的电导率升高，促进离子和电子转移，加快铁腐蚀和铁释放。同时，氯离子和硫酸根作为催化剂，通过发生一系列反应，破坏管道腐蚀产物中难溶性铁化合物中的氢键，取代 FeOOH 的羟基，进而提高了三价铁的溶解能力，使得钝化层的保护能力下降。

关于腐蚀性阴离子对铁离子释放及"黄水"的影响，大量的研究表明阴离子的控制因素主要是 SO_4^{2-} 或表征 SO_4^{2-} 及 Cl^- 的拉森指数，关于拉森指数的介绍详见第 2 章 2.1 节。

3. 铁与锰

我国《生活饮用水卫生标准》GB 5749—2006、《生活饮用水水质卫生规范》和《城市供水水质标准》CJ/T 206—2005 均规定：铁≤0.3mg/L；锰≤0.1mg/L。然而，不少水厂所取的原水中铁、锰含量呈季节性变化，造成水厂出水中铁、锰也呈季节性超标。因铁、锰会逐渐沉积在管壁上，当集中用水、流量增加、流速提高时，铁、锰的沉积物会被冲刷下来，当铁、锰在水流停滞处（或流动很缓慢处）及管道末端累积沉淀时，更会严重污染水质，导致"黄水"和"黑水"现象。

4. 有机物

微生物的生长，必须从环境中吸收营养基质以合成细胞物质并产生能量。对于大肠菌和异养菌来说，主要养分有氮、磷、有机物以及微量元素。当供水管网中有机物含量高时，即使保持很高的余氯，也不能有效抑制管网中微生物的生长。出厂水中的营养可利用性是微生物生长的关键因素。影响微生物生长的关键营养为水中的总有机碳（TOC）。一些研究表明，TOC 的特定组成主要为可同化有机碳（AOC）和生物可降解溶解性有机碳（BDOC），可作为控制微生物生长的关键因子，详见第 2 章 2.2 节。

5. 余氯

余氯在铁腐蚀和铁释放过程中起着不同的作用。增加供水管网水中的余氯浓度，一方面可将管垢中释放出的可溶性二价铁化合物氧化成溶解性更差的三价铁化合物沉积到管垢表面，抑制铁释放；另一方面，根据 Kuch 理论，余氯维持了管垢表面较高的氧化势，可阻止三价铁化合物被还原成二价铁化合物。与此同时，维持较高的余氯水平还可以提高消毒效果从而抑制微生物腐蚀作用。因此，供水管网中较高的余氯浓度对铁的释放具有一定的控制效果。也有研究发现，过高的余氯浓度可穿透管壁较薄的腐蚀垢层与铸铁管基材接触，余氯因其较高的氧化能力可作为电子受体促进基质铁的电化学腐蚀，从而导致铁释放现象加剧。故随着供水管网系统余氯浓度的提高，总铁释放量呈现出先降低后升高的规律。

1.2　管材管龄对供水管网水质的影响

供水管道的材质和管龄对供水管网中自来水的水质有显著影响。一般来说，各水厂的出厂水在进入市政管网前都是符合国家水质标准的，供水管网作为出厂水从水厂到用户龙头的输水媒介，输送过程中水与管道内壁发生复杂的物理、化学及生物作用，使各种水质指标降低或升高，因此供水管网水质的变化与管材和管龄有密切的关系。

1. 金属管材

常用的供水金属管材包括钢管、镀锌钢管、铸铁管、不锈钢管等。金属管材对供水管网水质的影响主要表现为管道腐蚀造成的铁释放问题，当供水管网水质属于低碱度、低硬度的腐蚀性水质时，因金属管材腐蚀而引发的"黄水"问题则变得尤为突出。

（1）钢管：一般情况下钢管以均匀腐蚀为主，在缓冲能力差、溶解氧和余氯含量高的水体中其遭受腐蚀较为严重，极有可能存在铁释放污染水体，形成"黄水"现象。在市政供水管网中，钢管的使用较早也较为普遍。

（2）镀锌钢管：均匀腐蚀、点蚀和结核在镀锌钢管腐蚀中最常发生。镀锌保护层易遭受腐蚀性强的水体破坏，尤其是硬度低的水体。温度高的水体对镀锌钢管的腐蚀以点蚀为主。镀锌钢管发生腐蚀后，水体中的铁、锌、钙和铅等含量都会增加。由于镀锌钢管容易发生腐蚀，且腐蚀后水体中的重金属含量增加。因此我国现已明令禁止使用冷镀锌钢管，对于热镀锌钢管也只是暂时提倡使用，以后的发展趋势是逐步被其他管材替代使用。

（3）铸铁管：分为灰口铸铁管和球墨铸铁管两种，球墨铸铁管比灰口铸铁管更耐腐蚀。铸铁管发生腐蚀时，管道内壁易形成腐蚀瘤，铁释放现象严重，容易出现"红水"现象。铸铁管因耐腐蚀性好、价格便宜等，目前仍是市政供水管网主要使用的管材之一。

（4）不锈钢管：耐腐蚀性强，国外应用较多。因其价格高，国内一般作为用户小口径配水管使用。

2. 非金属管材

供水非金属管材包括混凝土管、塑料管、复合管等几大类。非金属管材一般较耐腐蚀，其对供水管网水质的影响主要表现为部分污染物质的析出问题。

（1）混凝土管：水泥对机械损坏的热震动十分敏感，小的裂缝能自发地与插入的腐蚀产物形成碱性物质，并从水泥中浸出。

（2）塑料管：塑料在水中可能发生溶解反应，使化学物质从塑料中浸出，渗入水中的可能是溶解反应物、没反应的组分或杂质。此外，塑料管中的聚合物及基质树脂分子也可能因链破坏、氧化及取代反应等而发生变化，从而使管道的性质发生不可逆的变化。埋在土壤中的塑料管，土壤中所含的污染物可能透过管壁渗入管内，造成水质污染的隐患。

（3）复合管：水泥砂浆衬里是国内外最常见的供水管道内衬涂料，它能有效防止管道内壁腐蚀，阻止"黄水"现象的产生。然而，水泥砂浆衬里的腐蚀或软化、水的碱化作用也可能引起其对水质的不良影响。

3. 管龄

不论是何种管材，随着管道运行时间的增加，管道都会发生不同程度的腐蚀、结垢或其他物理、化学、生物反应，导致污染物从管壁释放到水中，影响供水水质稳定，严重时甚至造成水质污染事件。此外，管壁的腐蚀和结垢还可能引起管道破损渗漏，或造成管道过水面积减小，影响输水能力。

因此，有必要分期分批地开展管道更新改造工程，以改善水质。为确保管道的更新做到经济合理，需要对供水管网现状进行评估，科学地筛选更新对象，在更新改造工程中选用对水质影响小、经济性好的管材，在工程实施过程中还需确保施工的规范性，避免将污染物引入供水管网中。供水管网更新改造的相关内容详见第3章。

1.3　管网运行对供水管网水质的影响

自来水在进入供水管网后，会发生各种变化，其影响因素除前述的出厂水水质、管材管龄外，还与管道的运行管理好坏有关，管道的运行管理主要包括供水调度、停水管理、管网冲洗。

（1）供水调度

出于供水安全的考虑，城市双水源保障的现象越来越多，在日常供水中，进行水源切换的操作时有发生。水源切换不仅会改变水的流向、流速等水力条件，而且供水管网水质也会发生变化，新旧水源水力、水质条件的改变，会打破原有管垢与水之间的平衡，使得部分管垢释放到水中，导致水中金属氧化物、颗粒物、浊度等含量急剧上升，出现"黄水"、"黑水"等水质事故。

（2）停水管理

因停水导致的管道内水流方向改变、流速发生变化，都会使管道内水流产生剧烈扰动，将原先稳定沉淀在管道底部的沉积物泛起，使黏附在管壁上的生物膜脱落，进而破坏供水管网水质稳定性，发生水质事故。

（3）管网冲洗

在进行供水管网规划设计时，考虑到城市发展的需求，预留偏大的管径是较为普遍的现象，考虑到供水管网建设的经济性，供水管网中会或多或少地存在一些末梢枝状管网，并且，在供水管网实际运行过程中，用户用水量的波动也是不可避免的。因此，完全杜绝供水管网中因停留时间过长、流速变动而带来的水质影响是难以做到的。为了尽可能减少管道内污染物沉积和脱落对水质稳定带来的不利影响，除了应在供水管网更新改造过程中改善管网流速偏低处、结构不合理处，还应加强对蓄水设施、供水管道进行定期检测和维护，及早发现水质污染隐患，并开展管道冲洗作业，及时消除低氯量、去除沉积物和生物膜，保障供水水质稳定。供水管网运行的相关内容详见第4章。

1.4　管网维护对供水管网水质的影响

管网维护主要包括巡查、维护、维抢修，管网维护是供水管网水质管理的重中之重，有很多的供水管网水质事故就是因为缺乏日常维护管理、缺少维护力度、没有提前将事故防患于未然造成的。

（1）管网巡查

积极主动地开展对现有供水管网的日常巡查工作，查禁和处理"占、压、圈、埋"等一切危害供水管网运行安全、污染供水管网水质的违章、违法行为，及时发现与处理供水管网及其附属设施运行中存在的问题，确保供水管网水质稳定运行。

（2）管网维护

管网维护直接关系到供水的安全，如对阀门进行维护保养，可以保证阀门处于良好的状态，在供水管网发生故障时，通过阀门启闭，使损坏的管段迅速从管网中隔离开，以确保管网其余部分维持正常运行和水质不受污染。及时处理影响供水管网水质安全的隐患或供水管网运行中出现的问题，对现有供水管网安全稳定运行具有重要意义。

（3）管网维抢修

供水管道爆管或因其他各种原因造成破损的情况时有发生，必须及时抢修。在进行管道抢修时，往往快速启闭阀门，对管网中某些管段内水的流向造成较大扰动，使水的流动状态发生急剧改变，并导致管道内的沉积物被冲刷起来，或使得"死水"段的水扩散到其他管道内，影响水质稳定，甚至导致水质恶化。

对漏水管道进行抢修时，如漏水点位并不明确，则一般先不停水，而是沿自来水泄漏的方向开挖路面，边抽水，边搜寻管道漏水点。当找到漏水点，挖好抢修工作坑时，泄漏出来的自来水与四周的泥土、杂质浸泡在一起，变成了污水。一旦关闭阀门，打开泄水阀门，排空管道或由于停水范围内一些用户不知情况，打开水龙头用水，就有可能使污水沿管道破损处进入供水管网中。抢修完毕后，打开阀门，水流流通时，原先进入破损管道内的污水则随着水流扩散到后续各管段中。

管网维抢修是保障供水管网安全运行的基础，也是维护管理中水质风险概率相对较高的业务，维修施工过程中，应严格遵守操作流程，防止造成供水管网水质污染；维修完成后，恢复供水阶段应加强排放工作；恢复供水要合理控制阀门的开启度，尽量减少对原有供水系统的水力扰动，避免发生水质事故。供水管网维护的相关内容详见第5章。

1.5 二次供水设施对供水管网水质的影响

低层建筑、地势较低地方的供水设施和供水方式同高层建筑、地势较高地方的供水设施和供水方式是不一样的，前者通常由供水单位通过管道直接供水，而后者的供水则需要借助二次供水设施才能获得足够的供水压力和水量。二次供水设施的存在，会延长自来水的停留时间，并且可能由于设施本身的因素或污染物的渗入等，对用户端的水质安全造成影响。影响二次供水设施水质稳定的因素主要有以下几种：

（1）部分二次供水设施中管道材质、贮水装置材质选用不当，采用易腐蚀金属材质，除可能引发铁锈释放导致的"黄水"问题外，还容易引起设施的爆裂渗漏，水质极易受到污染。

（2）二次供水设施设计或施工不规范，贮水设备结构不合理，没有按照室内给水排水设计及施工规范的要求进行。例如，贮水池进水口与出水口不宜设在同一位置，否则容易使贮水池的另一端成为死水端，导致微生物大量繁殖，造成二次污染。

（3）二次供水设施管理不善，未开展水质监测管理，未按规范进行清洗、消毒，致使水质逐步恶化。有些屋顶水箱缺乏维护，水箱盖板长期打开，没有定期的治理措施；贮水设备的配套不完善，如人孔盖板密封不严密、埋地部分无防渗漏措施等。这些问题都极易导致外来污染物渗入以及微生物的生长繁殖，影响水质稳定。

为了保障二次供水设施的水质安全，需要规范二次供水设施的设计和施工，加强其水质监测及运行管理，相关内容详见第 6 章。

第2章

基于供水管网水质稳定的出厂水水质调控技术

在供水管网中，化学反应以及生物滋长引起的管壁腐蚀、生物膜脱落，会造成管网水的浊度、色度、总铁浓度等水质指标的恶化，从而引发供水管网水质污染事故。水质的不稳定性是国内外公认的造成供水管网水质恶化的主要因素。供水管网是一个相对封闭的系统，因水质不稳定而造成水质指标超标时，往往只能采取管道冲洗措施清除污染物并将被污染的水排放，而难以通过投药等措施对管道中被污染的水进行净化。因此，保障供水管网水质稳定，必须首先确保出厂水的化学稳定性、生物稳定性处于可接受的水平，最大限度地减少管网水对管道的腐蚀并抑制微生物的生长，从而减少供水管网中污染物的来源，达到防治和减轻供水管网水质恶化的目的，并起到降低供水管网维护管理工作难度、加强终端用户水质保障的作用。

本章介绍了水质化学稳定性、生物稳定性的判别指标，并对"十一五""十二五"期间水专项中有关水质稳定性的研究进行梳理，列举了改善出厂水水质稳定性的水厂工艺调控措施及应用案例，可为供水单位制定出厂水水质稳定性的指导性要求提供参考。

2.1 化学稳定性调控技术

2.1.1 化学稳定性

供水管网水质化学稳定性被定义为：自来水在管网输配过程中发生的各种化学反应对水质的影响程度，包括管网水对管材基质的腐蚀/侵蚀、难溶性物质的沉淀析出、管壁腐蚀产物的溶解释放以及水中消毒副产物的生成积累等，在城镇供水行业中常被定义为既不溶解又不沉积碳酸钙。水质化学稳定性主要表现为腐蚀性和结垢性两方面。供水行业中水质的化学稳定性问题普遍存在，其中腐蚀问题更为突出。

2.1.2 评价指标

供水行业主要有两大类水质判别指数可用于供水管网水质稳定性的评价。一类是基于碳酸钙沉淀溶解平衡而建立的判别指数，包括 Langelier 饱和指数（LSI）、Ryznar 稳定指数（RSI）、碳酸钙沉淀势（CCPP）等。这些指数主要与水的 pH、碱度、硬度等水质指标有关，当管网水既无溶解碳酸钙又无沉积碳酸钙的趋势时，便认为它是化学稳定的。另一类评价指数则是基于其他水质参数的指数，如 Larson 指数（LR）、Riddick 腐蚀指数（RCI）等。除上述两类指标外，管网水的铁浓度也是反映供水管网水质稳定与否的最直接指标。

1. 基于碳酸钙溶解平衡的稳定性指数

（1）Langelier 饱和指数（LSI）

Langelier 饱和指数（Langelier Saturation Index，LSI）是应用较早且较为广泛的铁制管材腐蚀判别指数，该指数是 Langelier 在 1936 年根据碳酸钙在水中的沉淀溶解平衡提出的。当水-碳酸盐系统处于平衡状态时，水中既无碳酸钙沉淀析出又无碳酸钙溶解时的 pH 称为饱和 pH 或稳定 pH（pHs）。LSI 定义为水的实际 pH 与 pHs 之差，即：

$$LSI = pH - pHs \tag{2-1}$$

式中　pH——水的实际 pH；

　　　pHs——水的饱和 pH，指水中碳酸钙饱和平衡时的 pH。

LSI 的判别方法见表 2-1。该指数未考虑水中悬浮杂质对结晶的诱导作用和天然阻垢剂对结晶成长的阻碍和分散作用，所以在实际中的应用存在较大的局限性。要提高判别的准确性，最好用试验手段测得实际的 pHs。当 LSI 与零接近时，容易得出与实际相反的结论；当两种水质的 LSI 相同时，不能判别其具有相同的腐蚀和结垢程度。LSI 只是预测反应的宏观倾向性，且只考虑水中的碳酸盐平衡系统，在具体应用中与实际情况会有差距。

饮用水稳定性判别（LSI）　　　　　　　　　　表 2-1

判别方法	水质化学稳定性
LSI<0	水中碳酸钙未饱和,倾向于溶解碳酸钙,有腐蚀趋势
LSI=0	水中碳酸钙处于平衡状态,既无结垢趋势也无腐蚀趋势
LSI>0	水中碳酸钙过饱和,倾向于生成碳酸钙,有结垢趋势

（2）Ryznar 稳定指数（RSI）

RSI 是 Ryznar 于 1944 年在 LSI 的基础上所提出的半经验公式。其计算方法为：

$$RSI = 2pHs - pH \tag{2-2}$$

公式（2-2）中 pHs、pH 的含义与公式（2-1）中相同。RSI 的判别方法见表 2-2。RSI 主要用于结垢识别，判别结果与实际较吻合，更适用于高硬度和高碱度的水质条件，但由于仍是以 pHs 为基础，所以存在与 LSI 同样的局限性。

饮用水稳定性判别（RSI）　　　　　　　　　　表 2-2

判别方法	水质化学稳定性	判别方法	水质化学稳定性
4<RSI≤5	严重结垢	7<RSI≤7.5	中等腐蚀
5<RSI≤6	中等结垢	7.5<RSI≤9	严重腐蚀
6<RSI≤7	平衡状态	RSI>9	极严重腐蚀

（3）碳酸钙沉淀势（CCPP）

1983 年，Rossum 等人基于碳酸钙沉淀的生成量与水中碱度的消耗量之间的关系，提出了碳酸钙沉淀势的概念，具体计算关系如下：

$$CCPP=[Ca^{2+}]_{原}-[Ca^{2+}]_{平衡} \tag{2-3}$$

式中　$[Ca^{2+}]_{原}$——初始钙离子浓度，mol/L；

$[Ca^{2+}]_{平衡}$——碳酸钙平衡后钙离子浓度，mol/L。

CCPP 主要考虑碳酸钙溶解和沉淀这两个过程，而对平衡影响较小的镁离子和硫酸根离子等则忽略不计。碳酸钙沉淀势的判别方法见表 2-3。

饮用水稳定性判别（CCPP）　　　表 2-3

判别方法	水质化学稳定性	判别方法	水质化学稳定性
CCPP≤−10	严重腐蚀	4＜CCPP≤10	轻微结垢
−10＜CCPP≤−5	中度腐蚀	10＜CCPP≤15	严重结垢
−5＜CCPP≤0	轻微腐蚀	CCPP＞15	极严重结垢
0＜CCPP≤4	基本不结垢		

2. 其他稳定性指数

（1）Larson 指数（LR）

水体的腐蚀性强弱主要取决于水体中腐蚀离子的多少，而碳酸氢根有缓解腐蚀的作用。由此 Larson 于 1957 年提出了拉森指数（LR），其计算方法为：

$$LR=([Cl^-]+2[SO_4^{2-}])/[HCO_3^-] \tag{2-4}$$

式中　$[Cl^-]$——水中氯离子浓度，mol/L；

$[SO_4^{2-}]$——水中硫酸根离子浓度，mol/L；

$[HCO_3^-]$——水中碳酸氢根离子浓度，mol/L。

LR 计算简便，其判别结果与实际结果相近，效果较好。"十一五""十二五"期间，北京、广州、深圳等地也针对拉森指数开展了研究，其对水质稳定性的判别略有差异，见表 2-4。总体上，当 LR＞1 时，水腐蚀性较严重，水质化学稳定性较差。

饮用水稳定性判别（LR）　　　表 2-4

地区	判别方法	水质化学稳定性
深圳	LR＜0.5	腐蚀性可接受
	LR＞1	严重腐蚀
广州	LR≤0.8	氯离子和硫酸根离子不太会破坏碳钢
	LR＝0.8～1.2	有一定的腐蚀性
	LR≥1.2	发生严重局部腐蚀的倾向明显增加
北京	LR＜0.2	水质稳定
	LR＝0.2～1.0	轻微腐蚀
	LR＞1.0	严重腐蚀
郑州	LR＜0.5	无腐蚀性
	LR＝0.5～1	轻微腐蚀
	LR＞1	严重腐蚀

（2）Riddick 腐蚀指数（RCI）

RCI 由 Riddick 于 1944 年提出，将二氧化碳、总硬度、总碱度、氯化物、硝酸盐氮、溶解氧与饱和溶解氧等多种因素考虑在内，其计算方法为：

$$RCI=[CO_2+0.5(Hard-Alk)+Cl^-+2N]\frac{75}{Alk}\cdot\frac{10}{SiO_2}\cdot\frac{DO+2}{Sat.DO} \tag{2-5}$$

式中　　CO_2——二氧化碳浓度，mg/L；

　　　　Hard——硬度（以 $CaCO_3$ 计），mg/L；

　　　　Alk——碱度（以 $CaCO_3$ 计），mg/L；

　　　　Cl^-——氯离子浓度，mg/L；

　　　　N——硝酸盐氮浓度（以 N 计），mg/L；

　　　　SiO_2——二氧化硅浓度，mg/L；

　　　　DO——溶解氧浓度，mg/L；

　　Sat.DO——饱和溶解氧浓度，mg/L。

当水质分析资料无二氧化硅或溶解氧，或者两者都缺时，可以相应略去公式(2-5)中的乘积项。RCI 是针对美国东海岸低硬度的水所提出的，其判别方法见表 2-5。该指数提出非碳酸盐平衡体系的腐蚀影响因素，具有重要意义。

饮用水稳定性判别（RCI）　　　　　　　　　　表 2-5

判别方法	水质化学稳定性	判别方法	水质化学稳定性
0＜RCI≤6	基本稳定	51＜RCI≤75	腐蚀
6＜RCI≤25	不腐蚀	76＜RCI≤100	严重腐蚀
26＜RCI≤50	中等腐蚀	RCI＞101	极严重腐蚀

（3）铁浓度

管网水中铁超标是供水管网水质化学不稳定的最直接表现。造成供水管网铁超标的原因多种多样，其中包括：自来水厂使用的铁盐混凝剂在沉淀、过滤过程中没有被完全截留；水源水中含有的大量铁离子（特别是地下水）在净化过程中没有被彻底去除；供水管网中的铁制管材发生腐蚀和铁释放现象。通过对供水管网的实际调查发现前两个原因只有在特殊情况下才存在，各地供水管网中铁超标的最主要原因是管道腐蚀和铁释放现象。铸铁管、球墨铸铁管、钢管和镀锌钢管等铁制管材在供水管网中的大量使用为腐蚀和铁释放现象的发生提供了前提条件。铁制管材一直是我国供水管网中最常用的管材。根据 1996 年的统计，我国供水管网的管材中铸铁管占 51.67%、钢管占 23.85%，这些铁制管材使管网水中铁含量超标现象严重。

2.1.3　改善化学稳定性的技术方法与应用案例

1. 调节 pH 和碱度

（1）基本原理

pH 直接关系管网水中多种离子的存在状态、管道腐蚀的速率和腐蚀产物，对供水管网中铁离子的释放影响很大。当 pH 处于较低水平时，对氧和氢离子作为电子受体发生的还原反应有一定的促进作用，从而加速对管道的腐蚀，而当 pH 升高时，还原反应会受到抑制，铁释放也会受到抑制，从而减缓管道的腐蚀。从水质化学稳定性指数 LSI、RSI 的计算公式可以看出，改变 pH 能够直接改善 LSI、RSI 的值。此外，pH 的改变能够影响水中 OH^-、CO_3^{2-}、HCO_3^- 的浓度，从而也能够改善 LR 等相关稳定指数。

调节碱度也能够起到控制供水管网铁释放的作用。碱度包括碳酸盐碱度和重碳酸盐碱度，碳酸盐和重碳酸盐可以增加水的缓冲能力，抑制铁离子的释放。在 pH 一定的条件下，碱度越高，水体对 pH 的缓冲能力就越高，也就是说，碱度有控制 pH 增加或减少的能力。碳酸盐可以与 Ca^{2+} 在管壁上形成致密的保护膜，进而抑制铁释放。除此之外，碱度的增加可导致 $FeCO_3$ 的溶解度降低，从而使水中溶解的二价铁浓度降低，可以对供水管网中铁释放起到一定的抑制作用。

（2）一般要求

宜根据原水及出厂水的 LSI、RSI、LR 等，综合判断其水质化学稳定性，当化学稳定性较差、对供水管网的腐蚀性较强时，可考虑在净水工艺中投加碱性药剂调节 pH，以改善出厂水的化学稳定性。碱性药剂的品种及用量，应根据试验资料或相似水质条件的水厂运行经验确定。用于生活饮用水处理的碱性药剂必须符合卫生要求，常用的碱性药剂包括石灰、NaOH、$NaHCO_3$ 等。

净水工艺中投加石灰，一般将投加点设在混凝阶段，以促进混凝沉淀效果。当下列三种情况出现时，可以考虑在滤后水中投加石灰：①在混凝阶段需要投加的石灰量较高，使得 pH 过高而影响混凝沉淀效果及铝的去除率，可考虑在混凝阶段和滤后水两点投加石灰；②为提高出厂水的化学稳定性；③水处理过程中，水的碱度和 pH 下降较大，出厂水的 pH 低于国家或地方水质标准的要求。为降低滤后水中直接投加石灰对出厂水浊度的影响，需对石灰水进行预处理。清水池中投加石灰水，需确保出厂水水质满足水质标准的要求，并尽量降低对氯消毒效果的影响。

（3）相关应用案例

1）深圳地区应用案例

在"十一五"水专项的"南方大型输配水管网诊断改造优化与水质稳定技术集成与示范（2009ZX07423-004）"课题研究中，将石灰分为混凝池、清水池两点投加，以达到提高絮凝沉淀效果、调节出厂水 pH、改善水质稳定性的目的。

笔架山水厂的核心处理工艺是臭氧-生物活性炭深度处理工艺。该水厂的原水取自深圳水库，pH 一般为 7.0 左右，其水质属于低碱度低硬度的腐蚀性水质。原水经过臭氧-生物活性炭工艺后 pH 低于 6.9，达不到企业内部标准（pH 为 7.0~8.5），甚至有部分出厂水的 pH 接近于国家标准的低限。针对笔架山水厂出厂水 pH 偏低的问题，结合水厂的工艺、水质条件，研究团队将石灰分为混凝池、清水池两点投加，通过试验确定了混凝阶段最佳石灰投加点及其投加量，研究了清水池投加石灰对出厂水水质的影响，并在笔架山水厂开展了生产性试验。石灰投加措施的应用有效提高了出厂水的 pH，且出厂水的浊度等其他常规指标均符合国家标准，技术的有效性得到了验证。根据该课题的研究成果，对于深圳地区低碱度低硬度的水源水质条件，为促进混凝效果，混凝阶段的石灰投加量宜为 2.0~4.0mg/L；出厂水的 pH 随清水池石灰投加量的增加而增大，为改善出厂水的化学稳定性，并确保出厂水水质满足水质标准要求，清水池的石灰投加量宜不超过 5.0mg/L。

2）平湖地区应用案例

在"平湖市供水管网化学稳定特性研究与控制技术"课题研究中，针对嘉兴平湖市的"黄水"问题，根据 LR 对出厂水水质进行了铁稳定性判别，利用管段模拟反应器研究了采用 $Ca(OH)_2$ 和 NaOH 调节出厂水的 pH 对供水管网铁释放的影响，并在该水厂进行了应用研究。

根据该课题的研究成果，古横桥水厂的原水水质呈现高氯离子、高硫酸根离子、低pH、低碱度的特点，化学稳定性较差，为改善出厂水的化学稳定性，在古横桥水厂的沉淀池出水、二级活性炭滤池出水中分别投加石灰，投加量为 3～10mg/L，出厂水的 pH 控制在 7.4～7.7。在古横桥水厂应用 pH 调节措施一年后，"黄水"问题高峰期（4～8月）的"黄水"发生率与前一年同期相比降低了 62%～80%，控制效果显著。

2. 投加缓蚀剂

（1）基本原理

当前，国内外使用的缓蚀剂主要有磷系缓蚀剂、硅系缓蚀剂以及两者的混合物。

磷系缓蚀剂包括正磷酸盐和聚磷酸盐。正磷酸盐分子中存在磷酸根，腐蚀产生的铁离子可以与其发生络合反应，生成的磷酸盐化合物溶解度极差，从而在铁管内壁沉积形成保护膜，有效地阻碍腐蚀。除正磷酸盐外，常用的磷系缓蚀剂还有聚磷酸盐，聚磷酸盐能和水中的钙、镁、铁等金属阳离子形成以聚磷酸钙铁为主要成分的难溶络合物，在金属管道内壁沉积形成保护膜，从而起到抑制腐蚀的作用。

硅系缓蚀剂主要为硅酸盐。硅酸盐一般被用来保护金属管材，尤其是用来保护已经发生锈蚀的管道，其原理为通过硅酸盐与金属管壁的氧化产物发生反应形成一层致密的硅铁保护膜，进而减缓腐蚀作用。常用的是水玻璃，其由氧化钠和二氧化硅以不同比例混合而成。

许多国家已经对缓蚀剂的成分和投加量进行了严格的控制，以防止缓蚀剂的副作用对供水安全造成威胁。少量的缓蚀剂虽然对人畜无害，但用过的水最终仍会排放到水体中，有可能会对生态系统中的微生物产生影响，从而引发环境污染问题。

（2）相关研究成果

在过往的水专项相关研究中，一些学者研究了缓蚀剂对于供水管网铁释放的控制效果，但研究停留在小试、中试层面，尚无生产性应用的报道。相关的研究课题包括"十一五"水专项"南水北调受水区饮用水安全保障共性技术研究与示范（2009ZX07424-003）"课题、"十二五"水专项"南水北调京津受水区供水安全保障技术研究与示范（2012ZX07404-002）"课题。

在"南水北调受水区饮用水安全保障共性技术研究与示范"课题中，研究团队利用管段模拟反应器，以北京市某滤池出水为试验对象，分别投加不同剂量的正磷酸钠、三聚磷酸钠、六偏磷酸钠缓蚀剂，测试了上述磷酸盐对供水管网铁释放的控制效果，并对磷酸盐抑制铁释放的持续控制能力进行了研究。试验结果表明，聚磷酸盐对供水管网铁释放现象的控制效果优于正磷酸钠，三聚磷酸钠和六偏磷酸钠两种缓蚀剂的最佳投加量约为 1.0～1.5mg/L。当三聚磷酸钠投加量为 1.0mg/L 时，铁释放速率降低 68%，浊度降低 55%，色度降低 76%；当六偏磷酸钠投加量为 1.0mg/L 时，铁释放速率降低 82%，浊度降低85%，色度降低 88%。投加 1.0mg/L 聚磷酸盐的药剂成本约为 0.033 元/m^3，可作为突发性管网"黄水"问题的应急控制措施。

在"南水北调京津受水区供水安全保障技术研究与示范"课题中，除磷系缓蚀剂外，课题研究团队还开展了磷硅系复配缓蚀剂对供水管网铁释放控制的中试试验研究。以通水水源分别为地表水和地下水的铸铁管道搭建两套中试系统，研究了正磷酸盐、聚磷酸盐和硅酸盐缓蚀剂复配投加方式对供水管网铁释放的控制效果。试验结果表明，原通地表水的管道对水源切换有较强的适应性，而原通地下水的管道受水源切换的影响较为明显，表现为铁释放量较大，总铁含量超标。以一定比例复配的缓蚀剂投加初期对原通地下水的管道铁释放有促进作用，对原通地表水的管道影响较小；但随着缓蚀剂中硅酸盐所占比例的减小，铁释放现象逐渐得到抑制。停止投加缓蚀剂后两套系统铁释放比未投加之前明显下降，出水总铁达标。

3. 再矿化技术

（1）基本原理

再矿化的目的在于调整 pH、提高钙硬度或碳酸盐碱度，对于低碱度低硬度水源的处理效果较好；另外，应用该工艺可以在供水管网中形成一层碳酸钙保护膜来减缓腐蚀。常用的再矿化工艺有二氧化碳-石灰再矿化工艺、氯化钙-碳酸氢钠再矿化工艺等。在饮用水行业，常采用二氧化碳-石灰再矿化工艺。二氧化碳-石灰再矿化工艺通过投加二氧化碳和石灰，使二氧化碳与石灰水反应，从而提高碱度、钙硬度、pH，达到降低水体腐蚀性的目的。

（2）一般要求

净水工艺中采用二氧化碳-石灰再矿化工艺，二氧化碳和石灰的投加点宜设置为两点。主投加点设置于混凝沉淀之前，一般需将两者混合均匀后再进入后续混凝、沉淀、过滤工艺，在混凝阶段将 pH 控制在中性偏碱性范围，能有效降低其对混凝阶段的影响。后投加点设置于水厂清水池前，起到微调出厂水水质的作用。

二氧化碳与石灰投加量的确定方法主要有理论计算法、试验模拟法等。无论采用何种计算方法确定两者的投加量，目的都是为了准确控制水质的化学稳定性。选用的药剂必须符合卫生要求，保证对人体无毒，对生产用水无害。

传统的混凝、沉淀、过滤、消毒以及臭氧-生物活性炭等工艺都会降低出厂水水质的化学稳定性。常规处理工艺中的絮凝剂、消毒剂以及臭氧-生物活性炭工艺的生物作用都会使出厂水的碱度、pH 以及水质的化学稳定性降低。投加二氧化碳与石灰的量除了满足原水水质化学稳定性提高的需求外，还需满足水处理工艺过程中稳定性降低的需要。

合理控制二氧化碳-石灰再矿化工艺对传统混凝、沉淀工艺会产生较为积极的影响。但若二氧化碳和石灰的投加量控制不当，也会影响混凝沉淀效果，使出厂水浊度和余铝含量升高。水中游离二氧化碳量对水的 pH 影响较大，所以必须合理控制二氧化碳的投加量。

（3）相关应用案例

研究成果主要来源于"十一五"水专项的"南方大型输配水管网诊断改造优化与水质稳定技术集成与示范（2009ZX07423-004）"课题。课题研究团队针对深圳地区低硬度低碱度原水水质特点，开发了二氧化碳-石灰联用再矿化工艺，通过一系列的试验，确定了二氧化碳和石灰的投加量、二氧化碳和石灰的投加顺序等关键工艺参数。

通过小试和中试研究，得出二氧化碳与石灰的最佳投加量分别为 46mg/L、37mg/L，此时出厂水碱度控制在 80～85mg/L、pH 控制在 8.0～8.3 时，水质化学稳定性较好，供水管网腐蚀控制效果十分明显。二氧化碳-石灰联用再矿化工艺被应用于深圳市上坪水厂，根据生产性试验的结果，该工艺能有效提高出厂水的碱度和硬度，并维持出厂水 pH、浊度、余铝等达标，改善出厂水的腐蚀性，对供水管网铁释放起到了抑制作用。

4. 氧化还原电位调控技术

（1）基本原理

氧化还原电位调控技术是指通过调节管网水的余氯浓度，以使管网水处于适宜的氧化还原电位条件，达到控制铁释放的目的。由于余氯具有较高的氧化势，当管网水中余氯被耗尽时，管垢外部钝化层将被还原成二价铁化合物，导致致密的钝化层被破坏，内部疏松的二价铁和三价铁物质将被大量释放出来，引发管网"黄水"问题。因此，将管网水余氯维持在较高的浓度，有利于使管壁的铁锈垢基本稳定，从而控制供水管网的铁释放。但余氯的浓度也不宜过高，有研究发现，过高的余氯浓度可穿透管壁较薄的腐蚀垢层与铸铁管基材接触，余氯因其较高的氧化能力可作为电子受体促进基质铁的电化学腐蚀，从而导致铁释放现象加剧。故随着供水管网系统余氯浓度的提高，总铁释放量呈现出先降低后升高的规律。

（2）相关研究成果

在"十一五"水专项"南水北调受水区饮用水安全保障共性技术研究与示范（2009ZX07424-003）"课题的研究中，针对水源切换引发的供水管网铁释放问题，研究了基于游离氯和氯胺调节管网水氧化还原电位（ORP）对铁释放的控制特性。该课题的研究为小试研究，主要研究结论包括以下几点：

1）当 ORP≥300mV 时，氧化还原电位与游离氯具有较强的相关性，且 OPR 随着自由性余氯浓度的增加而显著升高；一氯胺的氧化性较弱，其对应 ORP 为 200～300mV，且两者无明显相关性。

2）采用游离氯消毒时，在低氧化还原电位（ORP≤300mV）条件下，管壁的铁锈垢发生还原反应，铁释放随着离子强度的升高而显著增强；在高氧化还原电位（ORP≥400mV）条件下，管壁的铁锈垢基本稳定，离子强度的升高对铁释放基本无影响。即：管网水的氧化还原电位决定电化学反应能否发生，在能够发生还原反应造成铁释放的情况下，离子强度决定反应速率，离子强度越高则反应速率越快。

3）采用氯胺消毒时，由于其较弱的氧化性，管壁的铁锈垢会发生还原反应而引发铁释放，在此情况下，铁释放随着离子强度（腐蚀性阴离子浓度）的升高而增强，且一氯胺浓度越低，铁释放速率越快。

4）当水源切换为有机物等耗氯物质含量显著降低的优质水源后，管网水的余氯更易保持，为保障供水管网水质的铁稳定性，建议自来水厂将氯胺消毒切换为游离氯消毒。采用游离氯消毒比氯胺消毒可控制更高的氧化还原电位，但由于游离氯的衰减速率更快，为保持大型输配水管网的余氯水平，应尽可能地降低耗氯物质含量。

5）为维持管网水中的余氯处于较高浓度水平，应尽量保证管网末梢水龄≤6h；在自来水厂增加臭氧活性炭深度处理工艺，减少水中耗氯物质，以维持管网水的余氯浓度；重点关注供水管网系统中的水质敏感区，即水力滞留区域，建议采取余氯保持技术，包括对老旧管道定期冲洗、内喷涂、更换，对二次供水增加补氯措施等。

5. 多水源调配

（1）基本原理

碱性药剂的投加虽然能提高出厂水的 pH，使 LSI、RSI 处于可接受水平，但无法有效降低拉森比率。通过多水源调配可以使得不同水源水体中的氯离子、硫酸根和碱度等进行掺杂混合，从而调节水厂进水 LR，以便控制出厂水的化学稳定性。

（2）相关研究成果

在山东省济南市，以黄河水为原水的玉清水厂和鹊华水厂出厂水中氯化物和硫酸盐浓度较高，一般在 $100\sim200\text{mg/L}$；而以山区水库水为原水的南郊水厂出厂水中氯化物和硫酸盐浓度较低，氯化物约 40mg/L，硫酸盐约 165mg/L。因此，可以通过对不同水厂出厂水进行一定比例的调配，以降低管网水中的氯化物和硫酸盐浓度。

由于玉清水厂与鹊华水厂原水相同，我们采用玉清水厂及南郊水厂出厂水进行两个不同水源水调配试验。玉清水厂及鹊华水厂出厂水中加入 5mg/L 的碳酸钠后，在实验室模拟管网上通过控制流量对玉清水厂和南郊水厂出厂水以 $1:3$（体积比）的比例混合进行多水源调配。试验结果表明，加碱后混合水的 $\text{LSI}=0.6$、$\text{RSI}=7.5$、$\text{LR}=0.7$，说明在其他指数保持基本稳定的同时拉森比率也得到了明显的降低（降低接近一倍），从而降低了水体对供水管网的腐蚀性。

将玉清水厂及南郊水厂出厂水、加入 5mg/L 碳酸钠后的出厂水及加碱后以 $1:3$（体积比）比例混合的水在镀锌管中封存一周后分别测定水的浊度及铁含量，进行水质对供水管网腐蚀对比试验。结果表明：封存一周后，出厂水浊度及铁含量明显增加，但加碱后出厂水浊度及铁含量均低于未加碱的出厂水，加碱后混合的出厂水浊度及铁含量最低，说明加碱及多水源调配有助于改善水质化学稳定性，减缓供水管网腐蚀。

6. 基于铁稳定性控制的受水区供水管网水质保障技术

（1）基本原理

针对南水北调水山东受水区供水管网水质不稳定性问题，研发了不同掺混条件下的水质稳定性控制技术，优化了基于铁释放的水质稳定性评估指数体系，集成应用多水源供水管网水质敏感区识别与运行保障技术和二次供水水质保障与远程监控技术，形成了基于水质稳定性控制的受水区供水管网水质保障技术体系。

（2）相关研究成果

山东省东营市东城区管网示范工程、济南东部城区和西客站片区管网示范区、济宁老城区和高新区管网示范区、商河县城乡一体化供水管网示范区。

基于水质、水力历史数据，建立供水管网水质敏感识别和水质安全保障技术，优化了供水管网压力、水量、余氯分布分析技术，实现了压力均衡和水质安全保障，通过适合末端净化技术的选择，可以有效解决供水管网末端浊度升高、微生物风险和季节性嗅味等水质问题。

2.2 生物稳定性调控技术

2.2.1 生物稳定性

饮用水生物稳定性是指饮用水中可生物降解有机物支持异养菌生长的潜力，即当有机物成为异养菌生长的限制因素时，水中有机营养基质支持细菌生长的最大可能性。饮用水生物稳定性高，则表明水中细菌生长所需的有机营养物含量低，细菌不易在其中生长；反之，饮用水生物稳定性低，则表明水中细菌生长所需的有机营养物含量高，细菌容易在其中生长。

2.2.2 评价指标

1. 微生物指标

我国《生活饮用水卫生标准》GB 5749—2006 中微生物指标主要包括总大肠菌群、耐热大肠菌群、大肠埃希氏菌和菌落总数，其中前 3 项指标无论采用最可能数（MPN）计数（MPN/100mL）还是菌落计数（CFU/100mL）均不得检出，而菌落总数采用菌落计数不得超过 100 CFU/mL。该标准中菌落总数采用营养琼脂对水体中微生物进行培养。

目前国际上对水质生物稳定性进行评价大都采用异养菌（HPC）平板计数，该方法采用营养更加丰富的 R2A 培养基对微生物进行培养。美国《生活饮用水卫生标准》（2009版）中规定生活饮用水中 HPC 含量不高于 500CFU/mL。我国"十一五"和"十二五"水专项很多研究成果表明控制管网水中 HPC 数量低于 100CFU/mL 可以保持供水管网生物稳定性。

2. 可同化有机碳（AOC）

AOC 是有机物中最容易被细菌吸收并同化成细菌体的部分，通常由分子量小于1000Da 且带有负电荷官能团的低分子量有机物组成，通常只占总有机碳很小的一部分（为 0.1%～9.0%），它是微生物极易利用的基质，是细菌获得酶活性并对有机物进行共代谢最重要的基质。

部分国内外学者研究认为出厂水 AOC 浓度与供水管网中的异养菌数有很大的相关性，当 AOC 浓度低于 $10\mu g/L$ 乙酸碳时，异养菌几乎不生长，饮用水水质生物稳定性良好。LeChevallier 等人认为在余氯浓度大于 0.5mg/L 或者氯胺浓度大于 1mg/L 的供水管网系统中，当 AOC 浓度低于 $50\sim100\mu g/L$ 时，大肠杆菌的生长受到限制。

然而也有一部分研究显示饮用水供水管网中细菌生长与 AOC 的相关性较差，AOC 并不是控制供水管网中细菌生长的主导因素。当供水管网中含有较高浓度的 AOC［$(162\pm24)\mu g/L$］时，维持高浓度的氯胺（>2mg/L）同样能够有效抑制细菌生长；或者在高自由氯（超过50%大于 1mg/L）供水管网中，HPC 与 AOC 的相关性不显著。因此当供水管网中存在高浓度的消毒剂时，消毒剂对细菌的灭活作用占主导，而细菌利用 AOC 生长的作用处于相对劣势。

因此，需要综合考虑供水管网的各项条件，以判别 AOC 作为生物稳定性控制指标的可行性。我国"十一五"和"十二五"水专项很多研究成果表明控制管网水中 AOC 含量低于 $135\mu g/L$ 可以保持供水管网生物稳定性。

3. 生物可降解溶解性有机碳（BDOC）

BDOC 是指饮用水中有机物里可被细菌分解成 CO_2 和水或合成细胞体的部分，是细菌生长所需物质和能量的来源，包括微生物同化作用和异化作用的消耗。饮用水中 BDOC 占总 DOC 的 $10\%\sim30\%$。

供水管网中 BDOC 含量较高的主要原因是由于水资源短缺，大量使用水质较差的地表水作为供水水源，而地表水一般都有较高的有机物含量；其次，水在供水管网中的停留时间越来越长，水流路径越来越复杂也是一个主要原因。BDOC 是异养菌生长繁殖的碳源，许多学者都一致认为：由于出厂水中存在 BDOC，它成为供水管网中异养菌生长繁殖所需的营养基质，使出厂水中未被消毒杀死的细菌或其他途径进入供水管网的细菌重新生长。所以要提高饮用水的生物稳定性，并保证饮用水安全，关键是要控制有机营养物（BDOC）的量。Servais 等人认为当出厂水中 BDOC$\leqslant$0.16mg/L 时，即使供水管网中没有消毒剂残余也会保证其水质生物稳定性。Volk 等人认为水温分别为 20℃和 15℃时，对应的 BDOC 值不高于 0.15mg/L 和 0.3mg/L 时，都能保证水质生物稳定性。

4. 微生物可利用磷（MAP）

MAP 也可作为水质生物稳定性的评价指标，饮用水中磷对微生物生长的限制作用的研究在国内外逐渐开展。现有的研究成果表明，我国大部分地区饮用水中 AOC 浓度高，饮用水的生物稳定性难以保证。如果磷是微生物生长的限制因素，有可能为控制饮用水的生物稳定性提供另一条途径。

饮用水水样中添加的外来磷源是 PO_4^{3-}-P（KH_2PO_4、Na_2HPO_4 等）。PO_4^{3-}-P 添加量在 $0\sim5\mu g/L$ 时，细菌的生长能力受到水中磷源的限制。PO_4^{3-}-P 是容易被细菌直接充分吸收利用的磷源。而水环境中的磷元素，往往同大分子有机物相结合或以胶体状态存在，从而降低了微生物对其利用的可能性，实际上能被细菌所吸收利用的磷源只占水中总磷的一部分。因此，如果以水中存在的各种形态磷的总和（总磷）计算，当饮用水中总磷含量未低于 $5\mu g/L$ 时，就可能表现出对饮用水生物稳定性的限制因子作用。

5. 硝酸盐氮

我国《生活饮用水卫生标准》GB 5749—2006 规定硝酸盐氮浓度限值为 10mg/L，而且在以地下水为水源的地方可以控制硝酸盐氮限值为 20mg/L。根据"十一五"和"十二五"水专项研究成果发现，如果管网水中硝酸盐氮浓度长期高于 7mg/L，那么管网生物膜中会形成大量铁氧化菌，铁氧化菌容易诱导硝酸盐还原的铁氧化反应，使得铁质管材的供水管网中容易形成大量针铁矿（α-FeOOH），在水源变化时容易释放铁离子，导致"黄水"发生。而当管网水中硝酸盐氮浓度低于 3mg/L 时，管网生物膜中会形成大量硝酸盐还原菌和铁还原菌，在两者共同作用下，微生物可以引发铁的氧化还原反应，从而把针铁矿（α-FeOOH）还原为磁铁矿（Fe_3O_4），该组分比较稳定，在水源变化时不易释放铁离子，能够控制"黄水"发生。因此，建议供水管网中硝酸盐氮浓度控制在 7mg/L 以下，更好地维持管网生物膜稳定性。

6. 余氯

氯作为一种强氧化剂，是控制微生物生长的有效手段，在维持饮用水生物稳定性中仍然发挥着重要作用。研究指出,管网水在长距离输送过程中,AOC 和 BDOC 随着供水管网的延长存在一定范围内的变化,主要是受到余氯以及水中营养基质的影响,而余氯在氧化有机物以及防止细菌大量繁殖时消耗较为严重,当管网水中余氯低于 0.05mg/L 时,水质安全得不到保障,需二次加氯。因此,为了保障水质安全,提高水质生物稳定性,要严格控制出厂水中余氯含量,但余氯含量并不是越高越好,较高的余氯含量需要投加大量的消毒剂,会导致出厂水中消毒副产物含量的急剧升高。所以,管网水中余氯浓度的控制需要根据不同供水管网中的水质进行大量分析研究。国内外众多学者研究指出余氯控制在 0.5~0.65mg/L 时,供水管网中水质生物稳定性较高,水质安全能够得到保障。

我国《生活饮用水卫生标准》GB 5749—2006 规定氯消毒要求出厂水余氯控制在 0.3mg/L 以上,氯胺消毒要求控制出厂水总氯在 0.5mg/L 以上,而无论是氯消毒还是氯胺消毒均要求管网末端余氯控制在 0.05mg/L 以上。我国"十一五"和"十二五"水专项很多研究成果表明控制管网末端余氯为 0.10~0.15mg/L 可以保持供水管网生物稳定性。

2.2.3　改善生物稳定性的技术方法

1. 深度处理提高管网水质生物稳定性技术

(1) 基本原理

研究实践表明常规处理工艺对 AOC 的去除作用不大,因此常规处理工艺出水难以改善水质的生物稳定性。而只有采取适当的处理方法,将常规处理工艺不能有效去除的微量有机污染物或消毒副产物的前体物加以去除,才能有效提高水质的生物稳定性。目前主要采取的深度处理技术包括预氧化技术、高级氧化技术、活性炭吸附技术、生物活性炭和臭氧生物活性炭工艺、膜技术等。

(2) 相关研究成果

针对示范区水质生物稳定性存在的问题,在山东省济南市示范区中试基地采用臭氧、活性炭和膜处理技术,研究其组合工艺对示范区管网水中 AOC 和悬浮菌的去除效果。

研究成果表明,使用超滤、纳滤和反渗透三种方法在不同程度上可降低 AOC,其中以纳滤的作用效果最好。紫外消毒对 AOC 的影响不大。另外,纳滤、超滤、反渗透对水中悬浮异养菌有一定的去除效果,其中以超滤对异养菌的去除效果最好,可达 80% 以上。紫外消毒对水中悬浮异养菌的杀菌效果极好,平均可去除 90% 以上的异养菌。

纳滤、超滤、反渗透三种膜工艺相比,超滤虽然在 AOC 的去除效果上比纳滤略低,但在对饮用水中悬浮菌的去除方面有很大的优势,而悬浮菌指标是达到直饮水检测标准的重要指标。同时由于纳滤膜的小孔径,比超滤膜消耗的能量更多,也更容易堵塞。所以推荐采用臭氧-活性炭-超滤工艺作为进一步改善饮用水水质的处理工艺,其中超滤技术可有效去除颗粒状物质和微生物,消毒副产物前体物的降低则通过膜过滤前的活性炭预处理来实现。

为进一步提高居民的饮用水品质,在上述工作的基础上,在济南黄金 99 和建委宿舍建设了两个直饮水工程示范基地,在居民入户之前增加了臭氧-活性炭-超滤处理工艺,在对两个示范工程的取样调查中,AOC 的去除率分别达到了 38.5% 和 44.3%,在一定程度上改善了水质的生物稳定性，有效提高了居民入户饮用水的水质。

2. 从出厂到龙头的供水管网水质系统保障综合技术

（1）基本原理

通过水厂工艺优化、供水管网水力水质模型模拟和二次供水关键技术的综合，保障水龙头水质。水厂采用深度处理工艺，使水质全面达标，在此基础上，优化工艺运行参数，预臭氧投加量为 0.5～1.0mg/L，后臭氧投加量为 0.5～1.0mg/L，混凝剂投加量为 30mg/L，AOC 较常规处理工艺降低 25%。提出保障管网水生物稳定性的出厂水指标为余氯＞0.15mg/L 和 AOC≤135μg/L，出厂水的平均 AOC 为 47μg/L。建立综合水质分析模型，分析供水节点水龄和供水交界面，采取设置调度阀门、改造管网等措施，减少水龄，提高水质。在分析供水管网二次供水水质生物稳定性和降低二次供水能耗的基础上，优化水质生物稳定性快速检测技术即稀释培养生物测试方法的建立和优化，分析紫外消毒方式的开启条件；优化二次供水方式，采用压力驱动方法分析叠压供水和叠压＋水箱两种供水方式的适用性，最大限度地保障二次供水水质的安全性和经济性。

（2）相关要求

该技术以保障龙头水水质安全为目标，从水厂处理工艺、供水管网水质保障以及二次供水等方面，开展多级水质保障综合技术的集成。

1）苏州市东太湖原水 AOC 呈现夏季高、冬季低的特点，与浊度存在明显的相关关系，并与有机物相关。明确了水厂 AOC 季节性控制思路；通过对原水中各类有机物与 AOC 生成量之间的规律性探索发现，水体中疏水性小分子有机物是 AOC 的重要前体物，是引起 AOC 生成的主要来源；研究各类制水工艺对 AOC 的去除特性发现，臭氧、氯气会导致 AOC 的产生，生物活性炭滤池出水加氯消毒导致 AOC 大幅度增加的原因在于弱疏组分比例的增加，优化运行参数可降低弱疏组分的比例。混凝沉淀和活性炭滤池对 AOC 具有较高的去除率，预臭氧投加量为 0.5～1.0mg/L、主臭氧投加量为 0.5～1.0mg/L、混凝剂投加量为 30mg/L 是水厂内控制 AOC 生成的最佳控制参数。

2）通过研究供水管网水质与水温、余氯、管道生物膜含量以及营养盐含量之间的相互关联以及贡献，提出了确保供水管网生物稳定性的条件，即余氯＞0.15mg/L 和 AOC≤135μg/L。

3）构建供水管网的水力和水质模型，确定管网的供水分界面，通过调度阀门以及优化水厂供水比例，将供水管网的综合水龄由 7.98h 降至 7.26h，改善水质。

4）通过建立水质生物稳定性快速检测技术——稀释培养生物测试方法，大大缩短了水质生物稳定性的检测时间。研究优化了稀释培养生物测试方法，确定了稀释培养生物测试方法的细菌菌量最佳选择为 20～25μL/10mL 和 1h 的最佳培养期。

5）提出了二次供水的压力驱动分析方法，通过管网的用水量和市政管网与引入管的压力、压力降、管径、管道长度等管网信息，研究叠压供水方式对市政供水管网的影响，并分析其在大型市政供水管网中的适用性，进而对实际工程中叠压供水的适用性进行分析。

（3）相关研究成果

苏州白洋湾水厂采用常规处理工艺，净水构筑物老化，有机物去除效果差，出水中AOC较原水反而增加了34%。采用深度处理工艺进行改造，水质全面达标，AOC去除效果提高了近100%。对苏州城区用水总量等数据进行调研，结合水量、水压的现场监测及节点水龄分布规律，建立综合水质分析模型，研究该区域供水管网的水龄情况；通过水龄模拟、供水交界面模拟和泄水点模拟，分析白洋湾水厂至相城区供水管道连通及新增控制阀门工程、新建调度系统调度阀门及优化水厂供水比例工程和阳澄湖区域泄水方案对降低水龄、改善水质的成效，评价了苏州城区供水管网水质稳定性。在74个小区建设二次供水设施，保证龙头水100%达标。

3. 基于 ArcGis 的供水管网水质生物安全保障联调联控技术

（1）基本原理

基于ArcGis直观显示供水管网余氯调控效果，余氯调控模型直接与微生物指标联系，可实现供水管网微生物指标达标和供水管网余氯时空分布更加均匀，减少消毒剂投加量和消毒副产物生成。

（2）相关研究成果

该技术已应用于上海市中心城区管网水质信息化平台。目前，上海市中心城区输配管网数字水质信息化平台示范工程已建立并初步得到应用，包括140多个在线水质监测点的管网水质数字监测系统已建立并投入使用，管网水质化学稳定性和生物稳定性数字评估体系已初步建立，吴中路泵站采取中途加氯来调控末端管网水质生物稳定性的数字调控手段已得到落实和实施。输配管网数字水质信息化平台在上海市中心城区管网水质日常运行维护中发挥了应有的作用，在世博会等重大活动供水安全保障中起到了"眼睛"和"大脑"的作用。

对于上海市的供水系统，如以HPC为控制目标，在氯胺消毒条件下，供水管网中AOC应控制在$50\mu g/L$以下。对于二次供水环节，微生物再生的改善还需要在二次供水方式和管理上进一步改善和加强以得到进一步保障。

通过对夏季（水温>25℃）和冬季（水温均值10℃）管网末梢和末端水中消毒剂对微生物抑制作用的计算，在水温较高时（>25℃）应当提高管网末梢一氯胺含量至$0.45\sim0.50mg/L$，末端二次供水水质的余氯指标应保持在$0.25\sim0.30mg/L$，以增强对微生物安全的控制效果；水温较低时管网末梢和末端水中余氯残留量较高，微生物水平较低。

4. 基于水质末端反馈的乡镇供水管网二次消毒优化控制技术

（1）基本原理

在乡镇供水管网末端代表性水质控制点识别（多个点形成一个组合）确定的基础上（识别确定的目标条件：在确定的3~5个控制点满足要求的情况下，95%的用户基本实现消毒剂水平达标），通过加氯点次氯酸钠投加量的主观设置和调整，监测各代表性水质采样点水质参数变化。

建立供水管网末端代表性水质控制点余氯浓度水平与加氯点余氯浓度水平之间的时空响应关系，基于末端水质监测点的反馈，综合各外部信息，实现二次消毒剂投加优化的自动控制；消除乡镇二次消毒剂投加点的安全顾虑及实现无人值守。

（2）相关研究成果

　　由于乡镇供水管网结构、用户用水过程有其特殊性，再加上乡镇供水管网水质、水量监测基础设施薄弱，数据信息不充分是它的主要特点。因此，期望通过构建乡镇供水管网的微观水质模型来识别末端用户余氯达标水平与加氯点下游余氯浓度水平关系模型存在较大困难。相关课题研究提出在乡镇供水管网末端代表性水质控制点识别（多个点形成一个组合）确定的基础上（识别确定的目标条件：在确定的 3~5 个控制点满足要求的情况下，95% 的用户基本实现消毒剂水平达标），通过加氯点次氯酸钠投加量的主观设置和调整，监测各代表性水质采样点水质参数变化，同时记录水厂出厂水水质情况及相关的外部环境参数，通过系统理论的数据挖掘分析方法，建立供水管网末端代表性水质控制点余氯浓度水平与加氯点余氯浓度水平之间的时空响应关系。

　　以加氯费用及乡镇用户余氯达标水平为优化目标，建立城乡一体供水管网二次加氯优化模型，乡镇供水管网二次加氯系统及其控制原理如图 2-1 和图 2-2 所示。

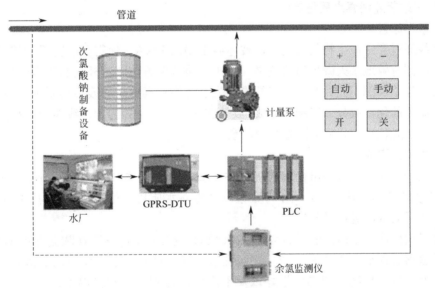

图 2-1　二次加氯系统示意图

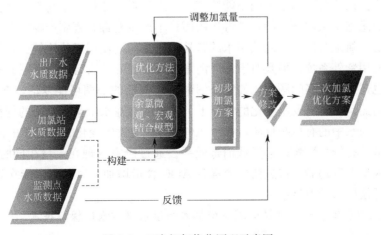

图 2-2　二次加氯优化原理示意图

嘉兴市已完成两个城乡一体供水管网室外中试基地建设，中试基地面积$260m^2$，四组管线，包含水质、水量在线监测系统，中试基地位置：高新区城乡供水一级管网、枫桥镇城乡供水三级管网。目前枫桥镇城乡供水三级管网中试点已经投入试验研究，高新区城乡供水一级管网中试点待验收。

嘉兴市城乡一体化供水管网近期建设工程已经完成，水专项相关的城乡一体化供水工程凤桥镇、新丰镇供水管网建设改扩建工程已经完成，供水管网水质监测点已经安装，嘉兴市城乡一体运行控制系统硬件工程建设已经完成，管网水力水质软件平台已经投入使用。凤桥镇、新丰镇二次加氯点建设已经完成，软件平台编制已经完成，并已试运行半年以上。

建立了嘉兴市凤桥镇、新丰镇城乡一体供水系统改造示范工程。示范乡镇供水管网余氯达标率达到85％以上（原夏季高温季节余氯达标率为0，2000人一个水质采样点）；基于消毒剂现场发生装置的管网二次消毒优化控制装置，已投入实际规模应用（1万 t/d）。

5. 加压站紫外消毒水质稳定性技术

（1）基本原理

紫外线通过穿透微生物的细胞膜，破坏微生物的 DNA，使得微生物不能继续繁殖再生，从而达到有效地杀灭微生物的效果。相比其他杀菌方法，紫外线有很多明显的优势。特别是与化学杀菌剂不同处在于，紫外线杀菌不会将有毒物质和残余物质带入纯化水中，不会改变流体的化学成分、气味和 pH。波长在 $180～400nm$ 的紫外线能产生将游离氯分离生成盐酸的光化反应，从而降低水中的余氯。

（2）相关研究成果

为了进一步改善水质，济南甸柳加压站添置了紫外消毒装置。紫外强度为 $120mW/cm^2$，紫外剂量为 $40mJ/cm^2$。为了考察紫外消毒对水质化学稳定性的影响，我们对消毒装置安装前后的水质进行了分析。

通过对甸柳加压站消毒前后的水样中菌落总数进行对比，发现效果还是很明显的，紫外消毒后菌落总数平均减少了 28.7％。而且紫外消毒具有不添加任何化学物质、能降低臭味和降解微量有机物、消毒效果好以及不产生消毒副产物和受温度、pH 影响小等优点，它不会对水体和周围环境产生二次污染。研究发现，紫外消毒能够对微生物 DNA 产生破坏，阻止蛋白质合成而使细菌不能繁殖。紫外消毒对致病微生物有广谱消毒效果、消毒效率高；对隐孢子虫卵囊有特效消毒作用而且不产生有毒有害副产物，但是没有持续消毒效果，需要与氯配合使用。对饮用水的紫外消毒在国内使用经验比较少，虽然工程上已经逐渐开始使用紫外系统，但是对于紫外消毒技术的研究并没有完全开展起来，对于紫外消毒的应用也还存在较多问题，比如紫外消毒后被灭活的细菌可能复活，在过高的剂量、有机物含量高而且结构易发生变化的情况下，紫外线会在水中某些物质的催化下激发产生羟基自由基，与水中的有机物反应，导致 AOC 的浓度发生变化。而且水的浊度及水中悬浮物对紫外杀菌有较大影响，会降低消毒效果。通过研究发现在流量相同时，AOC 会随着功率的变大呈上升趋势，造成紫外消毒后 AOC 含量增加，这很有可能在管网中再次滋生细菌，降低饮用水的卫生水平。

6. 基于水力调度和末梢冲洗的城乡统筹乡镇供水管网水质保障技术

（1）基本原理

基于水力调度和末梢冲洗的城乡统筹乡镇供水管网水质保障技术是通过对区域用水总量、营业收费数据的调研，建立供水管网水力模型并利用在线监测数据进行校核；在此基础上，分别以余氯以及水龄作为水质参数建立供水管网水质模型，并以同步采样的水质检测结果进行水质模型校核；通过对供水管网进行动态模拟，分析供水管网中余氯的时空分布和变化规律，考察长停留时间下消毒剂在城乡供水管网中的衰减规律，把握供水管网水质整体情况，提出考虑了乡镇区域供水管网结构不均匀性的综合水龄指数为城乡统筹乡镇区域供水管网水质评价指标，并建立以水力调度为核心的优化模型，为供水管网安全运行、水质保障提供决策支持；此外，一方面通过水质模拟，针对由管道材质、腐蚀等因素造成的水质风险，提出进行相应管道更新改造的建议；另一方面，识别供水管网中水质高风险管道，制定针对性的冲洗策略。

（2）相关要求

技术流程为"建立 SCADA 信息化监测系统—建立水力模型—建立水质模型—提出水力调度方案—提出管段冲洗策略"，具体如下：

1）建立供水管网信息化监测系统，实现供水管网运行状态实时监测。

2）建立供水管网水力模型，实现供水管网运行状态分析诊断，并且为水质模型建立奠定基础。

3）建立供水管网水质模型，实现水质高风险区域的识别，指导管材更新改造。

4）提出供水管网接水点水力调度方案，改善供水管网综合水质。

5）提出管段冲洗策略，强化管段末梢水质保障。

（3）相关研究成果

苏州木渎自来水有限公司隶属于苏州市自来水有限公司，由苏州市自来水有限公司胥江水厂经接水点通过阀门调节实现供水调度。目前，苏州木渎自来水有限公司安装了 8 个供水接入口，其中 4 个接入口在投入使用当中，分别是张思桥、谢村路、金山路、藏书日辉浜桥馈水节点，木渎镇日供水能力达 6 万 m^3，供水面积 $70km^2$。

城乡统筹供水实施之初，木渎镇的供水管网管材落后，管道健康状况差，信息化管理水平几乎处于空白状态，监测设备不健全，水质监管力度较弱，水质分布不均匀，末梢水质较差，不仅制约了居民的健康生活水平，也影响了苏州木渎自来水有限公司的服务声誉。通过本示范工程的建设，木渎镇供水管网已设置 30 个在线监测点实时监测供水管网水力状态，完善了木渎镇 SCADA 信息化监测系统，并建立了木渎镇供水管网水力水质模型，通过进行动态水力水质模拟，及时把握供水管网整体情况，识别水质高风险区域，根据供水管网状态分析结果结合相关主干道路综合治理，开展供水管网的更新改造；对于乡镇区域供水管网自身结构特征导致的水质分布不均匀、末梢管网水质恶化风险等问题，分别示范应用了针对性的供水管网水力调度和末梢管段冲洗技术，使供水管网中综合水龄指数由 31.65h 降低为 26.35h，管段末梢浊度由 100NTU 降低为 6.3NTU，进一步保障了供水管网水质。

7. 水源切换供水管网"黄水"敏感区识别方法和水质稳定性控制技术

（1）基本原理

针对多水源供水条件下供水管网"黄水"易发且难以控制的问题，在"十一五"水专项研究成果以拉森指数为供水管网水质稳定性主要判定方法的基础上，重点研究了不同稳定性管垢的形成机制，建立了基于管垢稳定性的供水管网"黄水"敏感区识别方法。研究发现，管网生物膜的形成以及生物膜中铁还原菌的作用是以四氧化三铁为主要成分的稳定致密管垢形成的必要条件，进一步明确了供水管网进水硝酸盐浓度和生物膜硝酸盐还原菌对管垢稳定性的影响，构建了以拉森指数和硝酸盐浓度为主要指标的供水管网"黄水"敏感区识别方法。在此基础上，提出了以不同水源水厂供水区域为基础、以南水北调水源与当地水源渐进提高比例为主要方式的供水管网水质控制技术。铁氧化菌的生长能够促进供水管网中 $\alpha\text{-FeO(OH)}$ 的形成，而铁还原菌和水固界面的缺氧环境则能够促进 Fe_3O_4 的形成。输送地表水的管网系统中，腐蚀产物主要受铁硝酸盐还原菌厌氧呼吸诱导的三价铁的还原和二价铁的氧化影响。

（2）相关要求

根据"十一五"和"十二五"水专项研究成果发现，如果管网水中硝酸盐氮浓度长期高于 7mg/L，那么管网生物膜中会形成大量铁氧化菌，铁氧化菌容易诱导硝酸盐还原的铁氧化反应，使得铁质管材的供水管网中容易形成大量针铁矿（$\alpha\text{-FeO(OH)}$），在水源变化时容易释放铁离子，导致"黄水"发生。而当管网水中硝酸盐氮浓度低于 3mg/L 时，管网生物膜中会形成大量硝酸盐还原菌和铁还原菌，在两者的共同作用下，微生物可以引发铁的氧化还原反应，从而把针铁矿（$\alpha\text{-FeO(OH)}$）还原为磁铁矿（Fe_3O_4），该组分比较稳定，在水源变化时不易释放铁离子，能够控制"黄水"发生。因此，建议供水管网中硝酸盐氮浓度控制在 7mg/L 以下，更好地维持管网生物膜的稳定性。

对于无法通过控制硝酸盐氮浓度来控制供水管网水质稳定性的区域可以采用臭氧-生物活性炭深度处理来增加供水管网水质稳定性，因为在低有机物条件下容易使得自养型硝酸盐还原菌生长，从而有利于磁铁矿（Fe_3O_4）生成，利于供水管网稳定。

（3）相关研究成果

2008 年北京奥运会前期，北京通过调用河北黄壁庄水库水增加北京供水，但是由于水质发生变化导致北京以前的地下水供水区域发生了大面积"黄水"。针对北京及其他地方发生的水源切换时出现"黄水"的问题，水专项设立了南水北调受水区水质安全保障相关课题，以解决水源切换时的水质安全问题。

研究成果表明，管垢中 Fe_3O_4 与 $\alpha\text{-FeO(OH)}$ 的含量比值大于 1 是管垢稳定的重要判据。另外，很难通过大面积挖管对管垢稳定性进行评价，通过大量调研及研究发现供水管网进水中 $NO_3\text{-N}$ 浓度小于 3mg/L 长期运行条件下管垢是稳定的，而 $NO_3\text{-N}$ 浓度大于 7mg/L 长期运行条件下管垢很难稳定。该技术突破用管垢作为"黄水"的判定依据，从合理性、敏感性、准确性等方面都有了明显的提升，对保障京津受水区供水管网水质安全监控和减少"黄水"现象具有很高的价值，该成果是国内首次对管垢影响"黄水"形成的机理进行深入研究。

研究过程中在北京第三水厂、第八水厂、第九水厂和郭公庄水厂进行了北京市多水源供水条件下的大型复杂供水管网体系水质安全保障控制技术示范，涉及 800 万供水人口，有效保障了南水北调水源切换期间北京的供水安全。

第 3 章

供水管网更新改造

供水管网管材种类繁多，但是在一定的应用环境与条件下有其最佳选择，如果选择不当，会对供水水质安全产生极大影响。在塑料管大面积应用前，供水管道基本上以选用金属材料管道为主，然而，随着管道运行时间的增加，管道都会发生不同程度的腐蚀、结垢或其他物理、化学、生物反应，导致污染物从管壁释放到水中，影响供水水质安全，严重时甚至造成水质污染事件。此外，管壁的腐蚀和结垢还可能引起管道破损渗漏，或造成管道过水面积减少，影响输水能力。

为此应有计划分步骤地推进供水管网改造工作。在供水管网改造过程中，管材的卫生性能、管网布局是否有利于降低管龄、施工质量的控制、安全文明施工及并网管理等均会对供水管网水质稳定造成影响。此外，在开展供水管网改造工作前我们需要注意以下内容：

（1）供水单位应通过信息化手段对供水管网日常运行数据进行统计分析，对爆管频率高、漏损严重、管网水质差等运行工况不良的管道及时提出修复和更新改造计划；

（2）在管道实施更新改造之前，应进行技术经济分析，选择切实可行的更新改造方案；

（3）更新改造的管道宜进行管网模拟计算，优化管道布置方案，减少滞水管段；

（4）管径>DN400 的新建管道项目，应进行管网模拟计算，模拟流速及流向发生明显变化的，应制定相关的施工及管控措施；

（5）管材的选用应按现行国家标准《生活饮用水输配水设备及防护材料的安全性评价标准》GB/T 17219 进行把关；

（6）施工质量的控制应按现行国家标准《给水排水管道工程施工及验收规范》GB 50268 的要求实施。

3.1 供水管网现状情况分析

综合国内外的情况，国外一些水务企业（如法国威立雅及苏伊士水务）均建立了相关评估模型，其模型从供水管网的水质、硬件设施及软件配备方面展开评价，具体如下：

1. 水质评估指标和评分标准

（1）检测项目与频率：对管网末梢水 42 项水质指标进行检测，通常每月检测次数≥1

次；对管网水 6 项水质指标进行检测，通常每半月检测次数≥1 次。

（2）水质合格率计算方法

1）管网水水质合格率计算方法

$$P_L = \sum_{i=1}^{n} \frac{L_i}{\dfrac{L}{100} \times E_i} \tag{3-1}$$

式中　P_L——管网 n 个取水水样点，年度 L 项（$L=42$、$L=6$）检测加权平均合格率，%；

　　　L_i——管网 i 取水水样点在年内共检测 L 项中，合格项目的累计总和；

　　　E_i——管网 i 取水水样点在年内按月检测 L 项的年频率数；

　　　n——管网取水水样点总数。

2）管网水年综合合格率计算方法

$$P_{综合} = (P_{42} + P_6)/2 \tag{3-2}$$

式中　$P_{综合}$——管网水年综合合格率，%；

　　　P_{42}——管网 n 个末梢取水水样点的 42 项检测，每年按月≥1 次加权平均计年合格率，%；

　　　P_6——管网 n 个取水水样点的 6 项检测，每年按月≥1 次加权平均计年合格率，%。

（3）水质评分标准

按上年度与《生活饮用水卫生标准》GB 5749—2006 的规定要求（合格率 95%）比较计分，管网水年综合合格率≥95% 计 50 分，合格率 80%～95% 扣 10 分，合格率 60%～80% 扣 5 分，合格率≤60% 为 1 分。

2. 硬件设施评估指标和评分标准

硬件设施系指管道性能，具体评估指标见表 3-1。

硬件设施评估指标　　　　　　　　　　　　　　　　表 3-1

序号	项目	内容说明
1	优质管材使用率	优质管材长度占管道总长度的比例，为优质管材使用率

硬件设施评估指标共 1 项，其中优质管材使用率满分为 35 分，按上年度与前年度考核数据比较计分。明显进步的计满分；略有进展的计 17～34 分；略有退步的计 16～0.1 分，未开展的为 0 分。

3. 软件配备评估指标和评分标准

软件系指供水管网运行管理诸环节的信息化管理的深度与广度等，具体评估指标见表 3-2。

软件配备评估指标　　　　　　　　　　　　　　　　表 3-2

序号	项目	内容说明
1	管网水质采样率	通常按每 2 万用水人口设一个采样点计算,当用水人口在 20 万人以下或 100 万人以上时,可酌量增减。管网水质采样率=管网水质采样点数/（用水人口数/20000）

续表

序号	项目	内容说明
2	管网水龄超限率	管网水龄上限值,应针对当地供水管网水质变化状况测试后确定,按供水管网水力模型对年内正常最小日供水量的模拟计算,绘制管网水龄曲线,统计水龄值超过规定值(比如24h)的管网长度占供水管网总长度的比例,为管网水龄超限率
3	管网滞水管长率	管网滞水允许的极限值,应针对当地供水管网水质变化状况测试后确定,按供水管网水力模型对年内正常最高日供水量的模拟计算,统计水流速度值低于规定值(比如0.1m/s)的管段累计长度占供水管网总长度的比例,为管网滞水管长率
4	管网超负荷管长率	管道流速的上限值,应通过当地管网平差计算后确定,按供水管网水力模型对年内正常最高日供水量的模拟计算,统计管段的水流速度,水流速度值高于规定值(比如2.5m/s)的管段累计长度占供水管网总长度的比例,为管网超负荷管长率
5	管网余氯不达标率	按供水管网水质模型对年内正常最高日供水量的模拟计算,绘制管网余氯值曲线,统计余氯值低于规定值(比如≤0.04mg/L)的管网长度占供水管网总长度的比例,为管网余氯不达标率
6	用户满意率	在用户对供水管网热线的意见中,对于水质、水压等供水服务的投诉单数

软件配备评估指标共6项,其中用户满意率指标满分为10分,其余评估指标每项满分为1分。对于表3-2中第1~5项,按上年度和前年度考核数据比较计分。明显进步的计1分,略有进展的计0.5~0.9分,略有退步的计0.4~0.1分。6项累加分数为软件汇总分数值。

4. 综合评估方法

评估总分数值=水质汇总分数值+硬件汇总分数值+软件汇总分数值;

注:水质满分为50分,硬件满分为35分,软件满分为15分。

5. 综合评分标准

(1)合格管网:评估总分数值≥85分;

(2)欠合格管网:评估总分数值为60~84分;

(3)不合格管网:评估总分数值<60分。

3.2　更新改造计划确定

根据供水管网评价情况,对于不合格管网,应纳入当年改造计划,尽快实施;针对欠合格管网,建议制定未来5~10年的改造规划,有计划、分步骤地进行改造。编制改造规划时应综合分析下列因素:

(1)应符合当地经济社会发展供水保障需求,紧密结合国家及地方规划以及相关专项规划;

(2)从供水管网安全运行的角度,梳理出轻重缓急,优先改造水质投诉多、"黄水"、漏水严重、爆管较频繁、压力保障低等的高危管段;

(3)改善供水管网水质,增强管网互连互通,减少滞水管段及盲肠管;

(4)利用管网修复技术,最大程度恢复原有管道功能;

(5)优化供水管网布局,对于新建及更新改造的管道宜进行管网模拟计算,优化方案;

(6)评估技术经济可行性,对于供水管网条件复杂的改造计划,应从更新改造的可能

性以及改造效益角度全面评估;

(7) 核实政府及企业预算配套情况,根据投资计划结合改造的紧迫性,逐步开展更新改造工作。

3.3 更新改造方案确定

供水过程中配水系统建设普遍存在输水管道管龄长的安全隐患。到 2035 年,我国早期建设的供水管网约 65% 的管龄将超过 30 年。这类管道内壁腐蚀老化而产生铁锈和污垢,增加了输水安全的风险;现状管材良莠不齐,输水管道材料的选型没有统一完整的规范(钢筋混凝土管、球墨铸铁管、PE 管、PVC 管、灰口铸铁管、镀锌钢管等都有);管道设计和施工管理不严格,金属管道特别是小口径金属管道未采取管内防腐措施。本节重点从管网布局、材料选型方面阐述如何对供水管网进行更新改造,以便指导项目更新改造等工作。

编制供水管网更新改造方案应符合相关原则,如现状和规划相结合,合理选择接口位置;系统改造与完善相结合,在市政供水管网改造的同时,尽可能理顺市政消防系统、现状小区生活供水及消防系统,使改造后整个供水系统更加完善;兼顾技术先进与经济合理,结合工程实际情况,选用合适的管材,在满足技术指标的同时,减少投资,实现项目的经济合理性;更新改造后管道的流量和压力应满足使用要求;更新改造后管道的结构应满足承载力、变形和开裂控制要求;更新改造后管道应满足水质卫生要求;原有管道地基存在失稳或发生不均匀变形的情况,应进行处理;严格执行项目所在地及国家相关设计规范。具体可从如下四个方面展开:

3.3.1 材料选型

影响管材选择的因素有很多,比如管道直径、工作压力、工程地质、地形、外荷载状况、工程的工期要求、资金的控制等。不同管材,在上述种种因素下,差异较大。选用何种管材,应首先确定哪些因素作为主要因素,哪些因素作为次要因素,通过综合评价确定。

管材选择考虑因素,按重要性从高到低排列为:①符合卫生要求;②具有足够的机械强度和韧性,能承受要求的内压和外荷载,满足本地地质及各种实际运行工况的需要;③接口安全可靠;④制造、施工、安装质量容易控制,管材性能可靠;⑤耐腐蚀性能好;⑥阻力小,能耗低,输水能力可基本保持不变;⑦综合成本合理;⑧管材来源有保证,管件配套方便;⑨便于运输、安装;⑩寿命长,维修量小,便于管理。

表 3-3 将各种供水管材的优缺点进行了归纳与整理。

供水管材优缺点   表 3-3

管材	优点	缺点
球墨铸铁管	耐腐蚀、耐热性能好、承受荷载能力强、柔韧性接口、密封效果好、寿命长	适宜管径为 $DN300 \sim DN1200$ 的供水管;水泥砂浆涂衬可使水中溶解性物质含量提高,导致水的硬度发生变化,NH_3 渗出,管网水 pH 增加,水被碱化;水的不稳定性也会影响内衬的水泥砂浆,当水中 CO_2 超平衡量浓度达到 7mg/L 时会导致砂浆受损,砂粒流失,在一定程度上也影响了水质;球墨铸铁管造价较高

续表

管材	优点	缺点
薄壁不锈钢管	使用寿命长、外观美观、不易锈蚀老化、重量较轻、耐各种碱酸盐溶液、耐高速水流冲击、与其他管材相比浸析到水中的重金属(Ni、Cr、Mo)量最少	管壁厚较薄,抗冲击能力较差
内衬不锈钢管	机械性能优良、结合强度高	—
无规共聚聚丙烯(PP-R)管	化学稳定性好;表面光滑,水力条件好;不易结垢;具有较好的防腐抗震能力;重量较轻,施工和运输方便;易维修;管径≤DN355时具有明显的技术经济优势	用于温差大的地方易老化变脆;对管网水中钡浓度有较大影响;抗紫外线性能差;大、中口径管道管材价格昂贵
PE管	化学稳定性好、耐腐蚀、韧性好、内壁光滑、摩阻系数小、流量大、不结垢、重量较轻、施工和运输方便、接口可靠、工程进度快、易维修、造价低、管径≤DN355时具有明显的技术经济优势	安装工期较长、管材硬度低、易受外部压力变形、长时间日晒雨淋后容易老化、对管网水中TOC浓度有较大影响,有可能造成管网水中三卤甲烷等消毒副产物浓度的增加
水泥管	价格低廉、容易就地取材	质地硬而脆、自重大、施工运输较困难、使用寿命短、抢修配件重大、维修难度大
钢塑管	机械和物理性能优良、耐腐蚀、输送效率高、适用范围较宽、环保、安装方便、性价比高	安装难度大、成本高
钢管	机械强度较好、焊接加工各种配件和接水方便	使用寿命短、防腐处理较严格、容易被腐蚀、刚性接口、抗震性能差。余氯衰减较快,约6h,钢管水中的余氯即可从1.0mg/L衰减至0。造价较高
铁管	生产制造方便、易就地取材	连接不严密、柔韧性差、易腐蚀、施工困难
铜管	具有超强的抗菌、抑菌性能,能杀灭包括白色念珠菌、大肠杆菌、军团菌等在内的多种细菌,确保了饮用水的清洁卫生,避免二次污染	温度对金属析出量有较大影响,水温90℃时铜析出量显著增加;铜管通过与水接触会被洗脱少量铜离子(主要为硫酸铜和碳酸铜),从而出现"绿水"问题,对人体肠道有较强的刺激作用,并可引起反射性呕吐

为满足供水管网安全可靠运行的要求,选用新型管材,限制和逐步淘汰不符合发展要求的旧管材,发展性能优良、耐腐蚀性能好的新型管材是一个可选的方向。

关于供水管网改造具体管材选用建议如下:

(1) 室外供水管网的管材应选择水力条件好、耐腐蚀、无有害物析出、不易结垢、不产生二次污染、使用寿命长、施工及维护方便、运行安全、经济合理的优质管材和配件。

(2) 室外供水管网中的管材、管件、金属管道内防腐材料及承接管接口处密封材料,应符合现行国家标准《生活饮用水输配水设备及防护材料的安全性评价标准》GB/T 17219的规定。

(3) 管材选用应根据不同的工作压力、使用条件和地质状况,经技术经济比较后选择,一般情况下:

1) 管径≥DN1800的,宜采用钢管、球墨铸铁管、预应力钢筒混凝土管(PCCP);

2) DN200≤管径<DN1800的,宜采用球墨铸铁管;

3) DN100≤管径<DN200的,宜采用球墨铸铁管、覆塑薄壁不锈钢管;

4) DN50≤管径<DN100的,宜采用不锈钢管、高密度聚乙烯管;

5）管径<DN50的，宜采用薄壁不锈钢管，有条件的可采用覆塑不锈钢。

（4）管材的主要技术要求应符合下列规定：

1）焊接钢管应采用钢板卷板直缝焊管。钢板采用 Q345B 牌号材料，严禁使用回收再用的板材。板材的化学成分、力学性能须符合国家标准。

2）球墨铸铁管球化率应≥85％。管道外径、内径和壁厚应符合国家标准，不允许有负偏差。管道壁厚级别≥K9，三通、四通类管件壁厚等级为 K12，其他类管件壁厚等级为 K12。

3）不锈钢管壁厚应符合国家标准。材质宜采用食品级 SUS304，有条件的可使用 S31603（316L）或以上等级不锈钢。

4）薄壁不锈钢管壁厚应符合国家标准Ⅰ系列。材质宜采用食品级 SUS304，有条件的可使用 S31603（316L）或以上等级不锈钢。

5）高密度聚乙烯管等级应为 PE100，原料应采用进口单一混配料，不得使用回收料。其中管径 de63 及以下管材应采用 SDR11、1.6MPa；管径 de63 以上管材应采用 SDR17、1.0MPa；管件应采用 SDR11、1.6MPa，应全部为注塑管件。

（5）金属管道必须有防腐措施见表 3-4。

球墨铸铁管、钢管的内外防腐质量及控制　　　　　　　表 3-4

材料种类	防腐部位	防腐工艺类别	防腐工艺质量	检查项目、检查数量及检查方法
球墨铸铁管、管件	内防腐	水泥砂浆内防腐	符合设计文件及《埋地给水钢管道水泥砂浆衬里施工及检测规程》T/CECS 10—2019 的有关规定	符合《给水排水管道工程施工及验收规范》GB 50268—2008 中第 5.10.3 条的有关规定
		环氧涂料内防腐	符合设计文件及《给水排水管道工程施工及验收规范》GB 50268—2008 中第 5.4.3 条的有关规定	
	外防腐	除锈、喷锌及石油沥青防腐	符合设计文件、《水及燃气用球墨铸铁管、管件和附件》GB/T 13295—2019 及《给水排水管道工程施工及验收规范》GB 50268—2008 中第 5.4.4、5.4.5、5.4.7 和 5.4.9 条的有关规定	符合《给水排水管道工程施工及验收规范》GB 50268—2008 中第 5.10.4 条的有关规定
钢管、管件	内防腐	水泥砂浆内防腐	符合设计文件及《给水排水管道工程施工及验收规范》GB 50268—2008 中第 5.4.2 条的有关规定	符合《给水排水管道工程施工及验收规范》GB 50268—2008 中第 5.10.3 条的有关规定
		环氧涂料内防腐	符合设计文件及《给水排水管道工程施工及验收规范》GB 50268—2008 中第 5.4.3 条的有关规定	
	外防腐	一底六油二布特加强级环氧煤沥青涂料防腐	符合设计文件及《给水排水管道工程施工及验收规范》GB 50268—2008 中第 5.4.6、5.4.7 和 5.4.9 条的有关规定	符合《给水排水管道工程施工及验收规范》GB 50268—2008 中第 5.10.4 条的有关规定

（6）阀门各部件材质的选择应确保阀门结构安全、密封良好、启闭灵活和水质安全：

1）阀体、阀盖应采用不低于球墨铸铁 QT450-10 理化性能的材料，法兰材质与阀体一致，并与阀体铸为一体；

2）阀杆应采用不低于不锈钢 20Cr13 理化性能的材料，阀板应采用不低于球墨铸铁 QT450-10 理化性能的材料或采用不低于 S30408 的不锈钢材料制作；

3）阀座及铜闸阀应采用抗脱锌黄铜材质，抗脱锌要求应达到：纵向最大脱锌深度不应超过 $200\mu m$；横向最大脱锌深度不应超过 $120\mu m$；

4）密封圈应采用丁腈橡胶（NBR N220S 或 N230S）O 形密封圈或 V 形橡胶圈，严禁采用石棉、石墨等对水质产生污染的材料；

5）用环氧涂料对阀门进行内防腐时，其环境要求较高，应在生产厂家内完成。

3.3.2　管网布局

1. 管道布局

城镇配水管网宜设计成环状，当允许间断供水时，可设计为枝状，但应考虑将来连成环状的可能，以便降低管内水力停留时间。考虑在原管位改造更换、优化设计现状老旧管道；结合实际，布局合理经济，应尽可能布置在两侧均有较多用户的道路上，以减少配水支管的数量；在市政及小区管道上适当增设室外消火栓；控制好埋深，在保证市政供水管网敷设要求的前提下，尽量浅埋，以减少工程投资，亦便于后续维护；与其他市政管网交叉时，尽量避让通过；结合地下管网情况，进行综合管网布置。

2. 管道配套设施

（1）为方便工程管理及维修，在供水管网沿线设置控制阀、排气阀及排泥阀等配套设施：在相应管道上设置控制阀，方便管道维修，同时可控制干管及支管流速在合理范围；管道敷设过程中地形变化较大时，供水管网在纵向上会出现一些高点和低点，为避免运行时空气聚集在最高点的管中和方便在检修时放空管道内余水，在管道排向局部高点时设置排气阀，在局部低点则放置排泥阀。

（2）为防止管道内供水倒流引起二次污染，应在以下位置设置止回阀/倒流防止装置：①从市政供水管网向小区供水的引入管上；②从小区供水管网上直接接绿地等自动浇洒系统，当喷头为地下式或自动升降式时，在其管道起端；③当小区供水管网直接向小区游泳池等补水，且补（充）水管出口与溢流水位之间的空气间隙小于出口管径的 2.5 倍时，在补（充）水管上；④从小区供水管网上直接接生产或消防用水等非饮用水管，在其管道起端。

（3）根据相关规范要求，合理设置计量设施：①在分区位置设置必要的区域流量计；②小区应安装计量总表，对小区用水量进行核对；③生活水池及消防水池前后、天面水箱前后应装表计量；④由供水单位抄读的水表应安装远传水表，其技术标准应满足国家、行业及供水单位的相关规定；⑤建筑物商业裙楼单独装总表计量，所有公共用水（如绿化景观、游泳池、地面冲洗等）及物业管理用水需装表计量；⑥消防系统应优化设计，尽量避免每栋楼或每个单元分别设置消防水表，并采用集中设置的原则。

（4）管网水水质检测点的设置应遵循以下原则：①在或靠近干管水压等压区、干支管连接处、管网末梢；②检测点的数量一般应按供水服务区面积平均每 $2km^2$ 确定 1 个检测点，供水服务面积超过 $100km^2$ 的，管网水水质检测点可酌量减少；③一般每个二次供水设施均应设置水质检测点，供水规模小于 2000 人的二次供水设施可合并设置；④用户受水点水质检测点的设置宜根据用户特征、建设年代、供水方式等合理布置。

（5）水压监测点：①测压点分为在线压力监测点和人工压力监测点，用于水压监测的测压点必须为在线压力监测点，在线压力监测点按供水区域内每 $10km^2$ 供水面积设置一处，最少不得少于 3 处；人工压力监测点主要用于对在线压力监测点数据的复核，其数量根据需要确定；②测压点设置要均匀，并能代表各主要供水管网压力。测压点应布置在供水区域内 DN300 及以上市政供水管网上，宜设置在下列位置：供水干管的汇合点与末梢、最不利点、不同水厂供水区域的交汇点及供水低压区、各边缘地区、人口居住与活动密集区域、大流量用户、重点用户或特殊用户附近等。

（6）新产品使用：通过与科研机构或学府合作研发技术先进、经济合理的水质监测设施，如新加坡公用事业局与麻省理工学院合作开发的简单低成本的无线水质传感器，以及与荷兰 Optiqua 公司合作研发的使用低折射率来探测有机物的低成本传感器，均在水质监测方面做出了努力。

3.3.3　更新改造工艺

目前供水管网更新改造主要有以下几种方法：

（1）开挖铺管

开挖铺管是最常见的换管方式，并以另按规划位置铺设较大直径的新管为主要方式。若因种种原因必须在原管位更换新管，则应首先铺设临时管道，解决沿线用户的用水问题，但同时也增大了工程造价。

开挖沟槽断面形式有直槽、梯形槽、混合槽等，还有一种两条或多条管道埋设在同一槽内的联合槽，正确选择沟槽的开挖断面，可以为管道施工创造便利条件，保证施工安全，减少开挖土方量。选定沟槽断面通常应考虑以下因素：土的种类、水文地质情况、施工方法、施工环境、支撑条件、管道断面尺寸、管节长度和管道埋深等。

（2）非开挖铺管

非开挖更新改造工程系指采用少开挖或不开挖地表的方法进行管道更新改造的工程。非开挖更新改造工程包括整体改造和局部修复，整体改造的方法包括穿插法、翻转式原位固化法（CIPP）、碎（裂）管法、折叠内衬法、缩径内衬法、高强度水泥砂浆内胆喷涂法、不锈钢内衬法、水泥砂浆喷涂法和环氧树脂喷涂法；局部修复的方法包括不锈钢发泡筒法、橡胶胀环法、聚合物水泥砂浆嵌缝修补法。

采用水平定向钻进等非开挖施工技术时，在拖进聚乙烯（PE）等非金属管的同时，可拖入一根 DJV40 的塑料管作为探测导管，且两端做好探测导管的导入出井，导入出井间距最大不超过 200m，内穿金属标识带或粗铜线，也可空置，用于日后物理探测。

3.3.4　效益分析

由于水资源的日益短缺，加之供水单位在输水过程中会出现"跑、冒、滴、漏"现象，给供水单位造成了成本提高、水压不足和供水困难等问题。如果管道长期漏水而得不到及时发现和维修，不但浪费了宝贵的水资源，而且还会降低供水单位的经济效益和社会效益。

以深圳市优质饮用水入户工程为例，自优质饮用水入户工程实施以来，根据统计数据得知工程实施后管网水水质综合合格率、管网水压力合格率均保持在 99％以上，用户投诉次数由每年的 758 次降低到 76 次，爆管维修次数由每年的 673 次降低到 59 次，抄表到户率由 64.93％上升到 74.18％，居民满意度大幅度提高。从图 3-1 可以看出，产销差率、供水管网漏损率总体呈波动下降趋势，水质达标小区占比总体呈上升趋势，可见优质饮用水入户工程实施效果显著。深圳市优质饮用水入户工程涵盖全市 10 个行政区，分两个阶段进行，全市累计投资 35.3 亿元，累计改造居民小区 1050 个、惠及 48 万户居民和南山区 9 个自然村、1609 栋原村民自建建筑物，累计改造居民小区埋地供水管网 1500 多 km、供水立管 8000 多 km，受益人口近 200 万人。随着优质饮用水入户工程实施范围继续扩大，市民对水务局及供水单位的良好口碑日益提高。

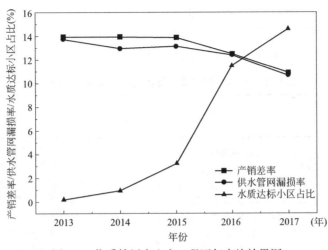

图 3-1　优质饮用水入户工程逐年实施效果图

3.4　实施管理

重点从质量控制、安全控制、并网管理阐述管网更新改造如何实施，并通过项目后评价判断其是否成功。

3.4.1　质量控制

（1）材料质量要求

工程所用材料应有产品合格证书和性能检验报告，管材及配件必须有相应的省、直辖市级卫生许可批件；管材、管件、设备或水箱的内衬涂料应附卫生部门的许可凭证；进口产品应有中文说明书和国家检验检疫部门的认可资料。

（2）管材及配件进场后，应由建设（监理）单位组织供货、施工、接收单位进行联合进场验收。进场验收应分类分批进行，验收批的划分、检查内容、检查方法和合格判定依据应符合表 3-5 的规定，并做好验收记录。

材料进场验收检查内容　　　　　　　　　　　　　　　表 3-5

材料名称	进场验收批的划分	验收检查内容			合格判定依据
		文件与记录	外观质量及尺寸		
			内容	方法	
管材及配件	按同一厂家、同一原料、同一规格、同一压力等级或管系列、同一进场时间的材料为一个验收批	产品合格证书、省或直辖市级卫生许可批件、有效的理化性能和卫生性能出厂检验报告、有效的产品型式检验报告	外观、颜色、标记、规格尺寸	目测，用精度 1mm 钢卷尺、精度 0.02mm 钢围尺、精度 0.01mm 管厚规或精度 0.02mm 游标卡尺测量	符合设计文件、产品标准和采购合同的要求

（3）具有下列情况之一时，应对进场材料进行抽样复验，合格后方可使用。

1）应对室外供水管网工程的主要管材及配件抽样复验；

2）质量证明书或检验报告中所提供的理化性能指标、卫生性能指标不齐全或生产批号、生产日期与进场材料所标识的生产批号、生产日期不一致；

3）管材及配件外观存在明显质量缺陷；

4）其他对管材及配件质量有怀疑的情况。

（4）抽样复验应按相关规定执行（见表3-6）。

主要材料进场抽样复验频率、复验指标及国家行业产品标准　　　　表3-6

材料名称、执行标准及抽样数量	外观质量要求	复验项目	复验项目性能要求
预应力钢筒混凝土管《预应力钢筒混凝土管》GB/T 19685—2017每个进场验收批抽取2根	管材承、插口端部管芯混凝土不应有缺料、掉角、孔洞等瑕疵。管材内壁混凝土表面应平整光洁，内衬式管材内表面不应出现浮渣、露石和严重的浮浆层；埋置式管材内表面不应出现直径或深度大于10mm孔洞或凹坑以及蜂窝麻面等不密实现象。承、插口钢环工作面应光洁，不应粘有混凝土、水泥浆及其他脏物。管材外保护层不应出现任何空鼓、分层及剥落现象	内压抗裂性能	管体不得出现爆裂、局部凸起或其他渗漏现象，管体预应力区水泥砂浆保护层不应出现长度大于300mm、宽度大于0.25mm裂缝或其他剥落现象
		外压抗裂性能	管体预应力区水泥砂浆保护层不应出现长度大于300mm、宽度大于0.25mm裂缝或其他剥落现象。管材内壁不得开裂
		管子接头允许相对转角	不应出现渗漏水
水管道用球墨铸铁管及管件《水及燃气用球墨铸铁管、管件和附件》GB/T 13295—2019每个进场验收批管材抽取1根，每个进场验收批管件抽取1个	管、管件和附件的表面不应有裂纹、重皮，承、插口密封工作面不应有连续的轴向沟纹，不应有符合GB/T 13295—2019中第4章和第5章的缺陷和表面损伤。密封面以外的不影响使用的表面局部缺陷应予验收。必要时，可对不影响整体壁厚的表面损伤和局部缺陷进行修补，如焊补	拉伸性能	符合GB/T 13295—2019中表8的规定
		涂覆检验	符合GB/T 13295—2019中第6章的规定
		与饮用水接触的材质卫生性能	符合相关卫生性能规定
低压流体输送用焊接钢管（未经防腐处理）《低压流体输送用焊接钢管》GB/T 3091—2015每个进场验收批抽检一次，抽取2根	钢管内外表面应光滑，不允许有折叠、裂纹、分层、搭焊、断弧、烧穿及其他深度超过壁厚下偏差的缺陷存在，允许有不超过壁厚下偏差的其他局部缺陷存在。焊缝质量符合GB/T 3091—2015中第5.7条的规定	力学性能	符合GB/T 3091—2015中表3的规定
		弯曲试验（公称外径不大于60.3mm）	钢管不应出现裂纹现象
		压扁试验（公称外径大于60.3mm）	压扁过程中，当两压板间距离为钢管外径的2/3时，焊缝处不允许出现裂缝或裂口，当两压板间距离为钢管外径的1/3时，焊缝以外部位不允许出现裂缝或裂口，继续压扁至相对管壁贴合为止，钢管不允许出现分层或金属过烧现象

续表

材料名称、执行标准及抽样数量	外观质量要求	复验项目	复验项目性能要求
输送流体用无缝钢管（未经防腐处理） 《输送流体用无缝钢管》GB/T 8163—2018 每个进场验收批抽检一次，抽取 1 根	钢管的内外表面不允许目视可见的裂纹、折叠、结疤、轧折和离层。清除缺陷深度不超过公称壁厚的负偏差，清理处的实际壁厚应不小于壁厚偏差所允许的最小值	拉伸试验	符合 GB/T 8163—2018 中表 7 的规定
		压扁试验	试样不允许出现裂缝或裂口
不锈钢管 《流体输送用不锈钢焊接钢管》GB/T 12771—2019 每个进场验收批抽检一次，抽取 3 根	管材内外表面应光滑，不允许有分层、裂纹、折叠、重皮、扭曲、过酸洗、残留氧化铁皮及其他影响使用的缺陷。允许存在深度不超过壁厚负偏差的轻微划伤、压坑、麻点，错边、咬边、凸起、凹陷等缺陷应不大于壁厚允许偏差	化学成分分析（必要时）	符合 GB/T 12771—2019 中表 3 的规定
		力学性能	符合 GB/T 12771—2019 中表 4 的规定
		水压试验	钢管应无渗漏现象
		压扁试验	钢管不得出现裂缝和裂口
		晶间腐蚀试验（必要时）	符合 GB/T 12771—2019 中第 6.6 条的规定
		卫生性能	
不锈钢卡压式管件 《不锈钢卡压式管件组件 第 1 部分：卡压式管件》GB/T 19228.1—2011 每个进场验收批抽检一次，抽取 5%（不少于 5 只）	管件外观应清洁光滑，焊缝表面应无裂纹、气孔、咬边等缺陷，其外表面允许有轻微的磨痕，但不应有明显的凹凸不平和超过壁厚负偏差的划痕，纵向划痕深度不应大于公称壁厚的 10%	化学成分分析（必要时）	符合 GB/T 19228.2—2011 中表 5 的规定
		水压试验	管件应无渗漏和永久变形
		拉拔试验	出现泄漏时最大拉伸力应大于 GB/T 19228.1—2011 中表 24 规定的最小抗拉阻力
		耐压试验	管件与管材的连接部位应无渗漏和脱漏现象
		卫生性能	
不锈钢卡压式管件连接用薄壁不锈钢管 《不锈钢卡压式管件组件 第 2 部分：连接用薄壁不锈钢管》GB/T 19228.2—2011 每个进场验收批抽检一次，抽取 2 根	钢管表面应光滑，无折叠、分层、毛刺、过酸及氧化皮和其他妨碍使用的缺陷，轻微划伤、压坑、麻点等深度应不超过钢管壁厚的负偏差值，焊缝表面无裂纹、气孔、咬边、夹渣、火色，内外面必须光滑，切口应无毛刺	化学成分分析（必要时）	符合 GB/T 19228.2—2011 中表 5 的规定
		力学性能	符合 GB/T 19228.2—2011 中表 7 的规定
		水压试验	钢管应无渗漏和永久变形
		压扁试验	钢管不得出现裂纹和破损
		晶间腐蚀试验（必要时）	符合 GB/T 19228.2—2011 中第 6.5.6 条的规定
		卫生性能	
不锈钢卡压式管件用橡胶 O 形密封圈 《不锈钢卡压式管件组件 第 3 部分：O 形橡胶密封圈》GB/T 19228.3—2012 每个进场验收批抽检一次，每批抽取 5%（不少于 5 只）	O 形密封圈的外观应平整，不允许有气泡、裂口及影响其性能的其他缺陷	硬度	符合 GB/T 19228.3—2012 中第 4.3 条的规定
		拉伸强度	
		拉断伸长率	
		压缩永久变形	
		卫生性能	

续表

材料名称、执行标准及抽样数量	外观质量要求	复验项目	复验项目性能要求
高密度聚乙烯管(HDPE)《给水用聚乙烯(PE)管道系统 第2部分:管材》GB/T 13663.2—2018 每个进场验收批抽检一次,抽取3根	管材内外表面应清洁、光滑,不允许有气泡、明显的划伤、凹陷、杂质、颜色不均等缺陷。管端头应切割平整,并与管轴线垂直	断裂伸长率(壁厚≤12mm)	不小于350%
		纵向回缩率	不大于3%
		静液压强度(20℃)(必要时)	管材不破裂、不渗漏
		卫生性能	
聚乙烯(PE)管道连接组件(焊口)《给水用聚乙烯(PE)管道系统 第3部分:管件》GB/T 13663.3—2018 每项工程按不同连接方式随机抽取一个焊口	对接熔接焊口的卷边应沿整个外圆周平滑对称,尺寸均匀、饱满、圆润,翻边不得有切口或者缺口状缺陷,不得有明显的海绵状浮渣出现,无明显气孔	对接熔接拉伸强度(适用于对接焊口组件)	试验到破坏为止:韧性,通过;脆性,未通过
	电熔连接焊口的电熔管件应完整无损,无变形或变色;焊接表面不得有熔融物溢出,管件承插口应当与焊接的管材保持同轴	电熔管件熔接强度(适用于电熔焊接组件)	脆性破坏所占百分比不大于33.3%
铜管《无缝铜水管和铜气管》GB/T 18033—2017 每个进场验收批抽检一次,每批抽取2根	管材内外表面应无有害层,应光滑、清洁,不应有分层、针孔、裂纹、起皮、气泡、粗划道、夹杂、绿锈等缺陷,断口应无毛刺	化学成分(必要时)	符合GB/T 18033—2017中第4.2条的规定
		力学性能	符合GB/T 18033—2017中表6的规定
		弯曲试验(外径不大于28mm)	试样应无肉眼可见裂纹、破损等缺陷
		水压试验	试样应无渗漏和永久变形
		卫生性能	
聚丙烯(PP-R)管材《冷热水用聚丙烯管道系统 第2部分:管材》GB/T 18742.2—2017 每个进场验收批抽检一次,每批抽取5根	管材色泽应基本一致,内外表面应光滑、平整,无凹陷、气泡、可见杂质和其他影响性能的表面缺陷。管材端面应切割平整并与轴线垂直	静液压试验(20℃)	管材无破裂、无渗漏
		简支梁冲击试验(必要时)	破损率小于10%
		纵向回缩率	不大于2%
		卫生性能	
聚丙烯(PP-R)管件《冷热水用聚丙烯管道系统 第3部分:管件》GB/T 18742.3—2017 每个进场验收批抽检一次,每批抽取8个	管件表面应光滑、平整,不允许有裂纹、气泡、脱皮和明显的杂质、严重的缩形以及色泽不均、分解变色等缺陷	静液压试验(20℃)	管件无破裂、无渗漏
		卫生性能	
其他优质管材及配件相应产品标准 每个进场验收批抽检一次,抽样数量由相应产品标准规定	符合产品标准中的规定	根据产品标准确定检验项目	符合产品标准的规定
		卫生性能	

材料名称、执行标准及抽样数量	外观质量要求	复验项目	复验项目性能要求
防腐材料 相应产品标准 每个进场验收批抽检一次，抽样数量由相应产品标准规定	符合产品标准中的规定	根据产品标准确定检验项目	符合产品标准的规定
		卫生性能	

注：1. 对于表中没有列出的其他复验指标，可根据工程的实际情况，由建设、设计、监理、施工几方共同研究商定。

2. 表中所列标准版本都会被修订或代替，使用标准的各方应探讨使用标准的最新版本。

3. 表中"必要时"是指材料使用方有要求时。

(5) 经进场验收和抽样复验合格后的管材及配件应按产品标准要求进行贮存堆放与搬运，应远离热源，不应与有毒物质和腐蚀性物质存放在一起，并应有防雨、防潮措施（见表 3-7）。

(6) 管道端口应采用管堵封闭等方式与外界环境进行隔离，避免泥土垃圾等进入管道内部；其他附件或配件也应做好包裹隔离措施。

(7) 其他管材的连接应符合现行国家标准及设计要求。

(8) 顶管、盾构、浅埋暗挖、地表式水平定向钻及夯管等不开槽施工室外供水管网工程，相应施工及质量应满足现行国家标准《给水排水管道工程施工及验收规范》GB 50268 的有关规定。

(9) 冲洗消毒

管道系统经水压试验后，竣工验收前应进行冲洗消毒。

管道第一次冲洗应用清洁水冲洗至出水口水样浊度小于 3NTU，冲洗流速应大于 1.0m/s；管道第二次冲洗应在第一次冲洗完毕，用有效氯离子含量不低于 20mg/L 的清洁水浸泡 24h 后，再用清洁水进行第二次冲洗直至水质检验、管理部门取样化验合格为止。

(10) 水质检验

1) 管道冲洗消毒后，工程验收前，应进行水质检验。

2) 室外供水管网工程的水质检验，应按常规项目进行检验，宜按一定周期进行连续采样，并视具体情况，可加检项目。

3) 水质检验应由建设单位委托具备国家或省级认证资质的水质检验机构进行。

4) 水质采样点的设置应符合下列规定：

①水质采样点的选择应具有代表性强、操作方便等特点，并能真实地反映管道工程的水质状况；

②水质采样点应设置在管道工程进水口、小区供水管网末端等位置；同一室外供水管网工程，进水口和出水口处应各设置一个水质采样点；在水质易受污染或流动性较差的管道位置宜增设水质采样点。

5) 水质采样应符合下列规定：

①水质采样应按确定的采样点，在正常供水工况下进行；

②水质采样应由建设单位委托专业人员，按现行国家标准的要求执行。

涉水材料描述

表3-7

序号	名称	包装及规格	成分(含添加剂和加工助剂)	生产方法	生物物理化学特性	使用前的处理	交付及储存要求	接收准则
1	管道	管道裸露运送·管径范围DN15~DN1800	水泥管/球墨铸铁/钢管/钢塑管/PVC/PE/HDPE/薄壁不锈钢(球墨铸铁/钢管采用水泥砂浆或环氧陶瓷)	铸造、铸塑、焊接	物理:肉眼可见物、臭和味、蒸发残渣;化学:重金属、高锰酸钾耗氧量;生物:无	冲洗或消毒	车辆运输·贮运	《生活饮用水输配水设备及防护材料的安全性评价标准》GB/T 17219—1998
2	阀门	箱装	球墨铸铁/不锈钢/铜	铸造	物理:肉眼可见物、臭和味、蒸发残渣;化学:重金属、高锰酸钾耗氧量;生物:无	冲洗或消毒	汽车运输	《生活饮用水输配水设备及防护材料的安全性评价标准》GB/T 17219—1998
3	消火栓	散装	球墨铸铁	铸造	物理:肉眼可见物、臭和味、蒸发残渣;化学:重金属、高锰酸钾耗氧量;生物:无	冲洗或消毒	汽车运输	《生活饮用水输配水设备及防护材料的安全性评价标准》GB/T 17219—1998
4	水池	—	水泥砂浆(部分内贴瓷片)/不锈钢	工程建筑	物理:无;化学:重金属;生物:无	冲洗或消毒	—	《二次供水设施卫生规范》GB 17051—1997
5	水泵	箱装	铸铁/铜/不锈钢等	工业制造	物理:肉眼可见物、臭和味、蒸发残渣;化学:重金属、高锰酸钾耗氧量;生物:无	冲洗或消毒	汽车运输	《二次供水设施卫生规范》GB 17051—1997
6	水表	盒装	走水部件材质:白塑料	工业制造	物理:肉眼可见物、臭和味、蒸发残渣;化学:重金属、高锰酸钾耗氧量;生物:无	走水部件过水冲洗	汽车运输	《生活饮用水输配水设备及防护材料的安全性评价标准》GB/T 17219—1998
7	漂白粉	罐装/袋装	次氯酸钙	化工合成	物理:肉眼可见物、臭和味、蒸发残渣;化学:重金属、高锰酸钾耗氧量;生物:无	拆装使用	汽车运输	《消毒剂》GB 14930.2—2012

6）水质检验应符合下列规定：

①水质检测机构在采样完成后应按水质检验标准方法的要求进行检验，并出具正式的检测报告；

②室外水质常规项目检验应包括如下项目：浊度、色度、嗅和味、肉眼可见物、pH、细菌总数、总大肠菌群、耐热大肠菌群、余氯（加氯消毒时测定）、二氧化氯（使用二氧化氯消毒时测定）、耗氧量（COD_{Mn}）；

③水质检验结果出现异常时，应增加检验项目及频次。

（11）工程验收

竣工验收应提供下列资料（包括但不限于）：

1）工程主要材料及配件的合格证、检验报告、进场验收记录和复验报告；供水管材及配件的省、直辖市级卫生许可批件，进口管材及配件的中文说明书和国家检验检疫部门的认可资料；

2）管道的冲洗及消毒记录、水质检验合格报告。

3.4.2　安全控制

在供水管网建设管理的过程中，管网安全质量控制要点为：

1. 可靠管材和耐用设备

（1）管材和设备选用恰当，是建成的供水管网能安全运行的基本要求，采用水泥砂浆衬里和内涂的金属管，必须对所用的水泥提出具体的要求。硅酸盐水泥生产过程中掺入的高炉矿渣，成分很不稳定，有的含有镉、钡等重金属；采用各类新型管材，如环氧树脂及塑料管等，往往因管材的化学有害成分析出于水中，污染水质；本手册结合食品质量管理危害分析及关键点控制（HACCP）理念，对所有涉水材料进行描述，如表 3-7 所示。

（2）须严格按现行国家标准《生活饮用水输配水设备及防护材料的安全性评价标准》GB/T 17219 把关，并在施工安装前做好管材浸泡试验，合格后才能使用，饮用水输配水设备或与饮用水接触的防护材料浸泡水的卫生要求见表 3-8。按照管材、管件、设备等供水管网硬件，使用寿命同一性理念及全周期成本（包括运营维护）理念的比较，决策选材时才经济、合理、更安全。

飲用水输配水设备或与饮用水接触的防护材料浸泡水的卫生要求　　　　表 3-8

项　目	卫生要求
色度	不增加色度
浊度	增加量≤0.5NTU
臭和味	无异臭、异味
肉眼可见物	不产生任何肉眼可见的碎片杂物等
pH	不改变 pH
铁	≤0.03mg/L
锰	≤0.01mg/L
铜	≤0.1mg/L
锌	≤0.1mg/L
挥发酚类（以苯酚计）	≤0.002mg/L

项　目	卫生要求
砷	≤0.005mg/L
汞	≤0.001mg/L
铬(六价)	≤0.005mg/L
镉	≤0.001mg/L
铅	≤0.005mg/L
银	≤0.005mg/L
氟化物	≤0.1mg/L
硝酸盐(以氮计)	≤2mg/L
氯仿	≤6μg/L
四氯化碳	≤0.3μg/L
蒸发残渣	增加量≤10mg/L
高锰酸钾消耗量(以氧气(O_2)计)	增加量≤2mg/L

2. 施工管理

(1) 在敷设完管道后，应将管路中清理干净。

1) 如果有木材、工具、水桶、水泥袋等固体物件存在于管道内，一旦挂在阀门上，就会引起阀座和阀体的损伤，或是引起水流阻塞，有时甚至因水击而引起水管破裂和脱离等大事故。

2) 如果管道内残留有泥土，洗管时就需要连续排去泥水，直到水中能检出剩余氯，这样就得花费大量的时间和劳力。为了洗净污泥，需要提高流速，但如果管径很大，不论从排泥管的能力上看，还是从接受排水的河水容量上看，将流速提到这样高，往往是不可能的。可是，在洗管作业中，如果流速不能达到设计流量时的流速，那么洗管后进行正常供水时，一旦流速加大，洗管时所剩余的泥土就会被冲出，造成供给浊水的情况。大型固体异物，只不过造成机械性障碍，而泥土的污染，不仅违背了供给卫生水的本来目的，而且还会引起难以控制的多发性消化系统传染病。

(2) 在敷设管道时，当管沟内有滞留的污水时，为了不使其污染管的内部，有必要设置排水泵，及时抽干槽内污废水。

(3) 当管道敷设和修理完毕后，在进行供水之前，管内一定要用氯水消毒。事先应尽量使管内完全放空，然后再充满浓氯水。在充水时应使氯的浓度至少为$20g/m^3$。管路在用氯水完全充水后，接触时间至少要保留24h，将氯水排出，由邻近管路充以自来水。如条件允许，应通过试验所得的水质分析来确定管道的消毒是否彻底。

(4) 结合 HACCP 理念，加强施工过程水质安全管控，流程如图 3-2 所示。

通过对饮用水生产供应全过程各个环节进行危害分析，并确立关键控制点实施有效预防和监控，及早发现并处置水质风险，实施预防为先的质量安全管控，从而提高了供水水质安全保障。

根据《危害分析与关键控制点（HACCP）体系 食品生产企业通用要求》GB/T 27341—2009、《食品安全国家标准 食品生产通用卫生规范》GB 14881—2013、《城市供水

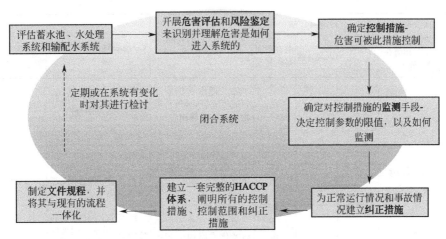

图 3-2　HACCP 水质安全管控流程图

条例》《生活饮用水卫生监督管理办法》《生活饮用水卫生规范》《食品安全管理体系 生活饮用水供水企业要求》T/CCAA 0032—2016、各类产品标准及《危害分析控制程序》，在危害分析的预备步骤的基础上，对饮用水输配的工艺步骤进行危害识别和评估，并对识别和评估出的危害选择 HACCP 计划控制。危害分析的结果如表 3-9 所描述，HACCP 计划表如表 3-10 所描述，通过制作计划表，明确各个 CCP 点（即关键控制点）的关键限值、监控对象、方法、频率、监控者、纠偏行动、记录和验证内容，通过实施体系监控，进行各项跟踪及验证，确保关键点受控。为体现对供水管网施工管理典型危害的全面预防监控，本计划表同时对显著危害和非显著危害都进行了管控手段示范。

危害分析　　　　　　　　　　　　表 3-9

(1)物料/步骤	(2)本步引入，受控或增加危害和潜在危害	(3)危害评估			(4)对(3)的判断提出依据	(5)危害预防控制措施	(6)是否CCP点
		可能性×严重性	风险分值	潜在危害是否显著			
施工管理	生物:总大肠菌群	*×*	*	否	施工通水前排放不当或不充分,导致污染物未能完全排出	1. 规范管道、阀门、消火栓、水泵、水表等管网设施的维护、抢修行为,包括施工人员卫生管理; 2. 维修后通水前排放至水质监测合格; 3. 监测管网末梢余氯水平,确保管网水适宜的抑菌能力	—
		×	*	否	新建管道施工污染,未能够规范冲洗消毒导致大肠菌群污染	1. 规范新建管道施工管理; 2. 严格落实新建管道投入使用前冲洗消毒等流程	—
	物理:浊度	*×*	*	是	施工通水前排放不当或不充分,导致污染物未能完全排出	1. 规范管道、阀门、消火栓、水泵、水表等管网设施的维护、抢修行为,包括施工人员卫生管理;	是

续表

(1)物料/步骤	(2)本步引入,受控或增加危害和潜在危害	(3)危害评估			(4)对(3)的判断提出依据	(5)危害预防控制措施	(6)是否 CCP 点
		可能性×严重性	风险分值	潜在危害是否显著			
施工管理	物理:浊度	*×*	*	是	施工通水前排放不当或不充分,导致污染物未能完全排出	2. 维修后通水前排放至水质监测合格	是
		×	*	否	新建管道施工污染,未能够规范冲洗消毒导致浊度超标	1. 规范新建管道施工管理; 2. 严格落实新建管道投入使用前冲洗消毒等流程	—
		×	*	否	因管道及其附属设施老化或腐蚀引起的污染	制定管网设施更新计划,在供水管网维修改造的过程中对管道内防腐情况进行检查	—
	物理:嗅和味	*×*	*	否	部分管道仍在使用 PVC 管材,PVC 管材胶粘剂的主要成分是四氢呋喃和丁酮,管材粘合不规范导致异臭	停止使用 PVC 管材作为供水管网改造材料,每年制定针对现状 PVC 管道更新计划,纳入供水管网改造项目实施,优先以球墨铸铁管或不锈钢管为主材替换现有 PVC 管材	—
	化学:重金属	*×*	*	否	施工通水前排放不当或不充分,导致污染物未能完全排出	1. 规范管道、阀门、消火栓、水泵、水表等管网设施的维护、抢修行为,包括施工人员卫生管理; 2. 维修后通水前排放至水质监测合格	—
		×	*	否	新建管道施工污染,未能够规范冲洗消毒导致重金属污染	1. 规范新建管道施工管理; 2. 严格落实新建管道投入使用前冲洗消毒等流程	—
		×	*	否	使用了材质不合格的涉水管网设施导致重金属等污染物析出	1. 要求集团投资项目必须在集团预选供应商中采购管材; 2. 进场管材必须提供合格证及检测报告; 3. 根据情况对管材进行抽检,送第三方检测	—

注:1. 风险分值≥9,为显著危害;非显著危害,通过前提方案可控制;显著危害,由 HACCP 计划控制。

2. (4) 对(3)的判断提出依据:根据实际情况、试验结果、法律法规、经验提出可能性和严重性的依据。

3. (5) 危害预防控制措施:可操作性原则。

关键控制点监控　　　　　　　　　　　　　　　　　　　　表 3-10

CCP 点	显著危害	关键限值 CL	设立 CL 的依据
CCP1:调配 (施工通水前排放不当或不充分)	物理:浊度	浊度值(恢复供水时): CL:1NTU 以下 OL:1NTU 以下	《生活饮用水卫生标准》 GB 5749—2006

（5）管道防腐：在供水管道长时间的运行过程中，管道表面的腐蚀介质逐渐引起管道腐蚀变质，使管壁坑蚀、锈化，随着时间的积累，管壁缓慢变薄，最终引起穿孔和破裂现象。实际施工中，尽管施工时很小心，但是不能保证防腐层绝对没有缺陷。另外，在焊接支管时，在焊接处没有进行防腐蚀处理，结果防腐层被破坏，钢管埋设在土壤中，防腐电流就向缺陷及破损部分集中（缺陷及破损部分比没有做防腐层的钢管穿孔还要严重）。因此，当有缺陷或焊接处损坏的防腐层时，应重新做好防腐层后再回填土。

3.4.3　并网管理

（1）并网前，施工单位应制定详细的管道碰口施工方案、水质安全保障措施，明确管道接驳方式并绘制碰口大样图，提交给供水单位审核、审批。

（2）并网前，应清除管道内的残留物。管径大于 300mm 的市政饮用水管道，还应用 CCTV 检测设备等进行管道内部视频检测，确保管道内部无施工垃圾等杂物后，方可进行并网碰口审批。

（3）并网路段同一侧存在中水管、原水管并行时，应提前对开口管道水质进行检测，确认为饮用水管道后方可实施碰口并网工作。

（4）饮用水管道经水压试验合格后，并网运行前应进行冲洗消毒，并应符合下列规定：

1）消毒剂宜选用次氯酸钠等安全的液态消毒剂。

2）管道第一次冲洗应用清洁的饮用水冲洗至出水口水样浊度小于 3NTU，冲洗流速应大于 1.0m/s。

3）管道第二次冲洗应在第一次冲洗后，用有效氯离子含量不低于 20mgL 的清洁水浸泡 24h 后，再用清洁水进行第二次冲洗直至水质检测、管理部门取样化验合格为止。

（5）输配水干管并网前，应基于供水管网数学模型对水压变化、水流方向、水质变化、影响范围等情况进行综合评估。对供水管网水质可能产生影响的，应优化阀门启闭方案并降低阀门启闭速度，并在并网时加强对原有管道的水质监测和冲洗。

（6）饮用水管道并网后，应于并网通水后 15d 内对新建管网实施运行安全测试，管网运行安全后，被更新的管道应于 15d 内废除，不应留存滞水管段。

3.4.4　项目后评价

开展项目考核评价的各项工作应按经批准的项目考核评价方案组织实施。具体的考核评价工作，应按确定的评价对象、评价范围和评价进度，本着指标、专业分工的原则逐步展开，同时要沟通评价期间交叉和上下的工作信息。

1. 后评价的主要依据

（1）国家及当地关于投资项目管理的相关法律、法规及规章。

（2）当地的经济发展规划及企业的发展战略规划。

（3）项目建议书、可行性研究报告、设计文件、专家评审报告、法律意见书、政府审批文件等。

（4）招标投标文件、主要合同、工程概算调整报告、监理报告、竣工验收和结算资料、审计和稽查报告、重大变更报告、财务决算报告及其相关批复文件、运营管理资料。

（5）后评价组织机构需要的其他相关资料。

2. 后评价方法

后评价方法包括对比分析法、逻辑框架法、成功度法等，本章以对比分析法为例，即根据后评价调查得到的项目实际情况，对照项目立项时所确定的直接目标及其他指标找出偏差和变化，分析原因，得出结论和经验教训。

3. 评价指标

（1）水质

1）水质检测指标：管网水应检测表 3-11 中的浑浊度、色度、臭和味、余氯（要求见表 3-12）、菌落总数、总大肠菌群、COD_{Mn}。

水质常规指标及限值　　　　　　　　　　　表 3-11

指　　标	限　　值
1. 微生物指标[①]	
总大肠菌群(MPN/100mL 或 CFU/100mL)	不得检出
耐热大肠菌群(MPN/100mL 或 CFU/100mL)	不得检出
大肠埃希氏菌(MPN/100mL 或 CFU/100mL)	不得检出
菌落总数(CFU/mL)	100
2. 毒理指标	
砷(mg/L)	0.01
镉(mg/L)	0.005
铬(六价,mg/L)	0.05
铅(mg/L)	0.01
汞(mg/L)	0.001
硒(mg/L)	0.01
氰化物(mg/L)	0.05
氟化物(mg/L)	1.0
硝酸盐(以 N 计,mg/L)	10 地下水源限制时为 20
三氯甲烷(mg/L)	0.06
四氯化碳(mg/L)	0.002
溴酸盐(使用臭氧消毒时,mg/L)	0.01
甲醛(使用臭氧消毒时,mg/L)	0.9
亚氯酸盐(使用二氧化氯消毒时,mg/L)	0.7
氯酸盐(使用复合二氧化氯消毒时,mg/L)	0.7
3. 感官性状和一般化学指标	
色度(铂钴色度单位)	15
浑浊度(NTU-散射浊度单位)	1 水源与净水技术条件限制时为 3
臭和味	无异臭、异味
肉眼可见物	无
pH(pH 单位)	不小于 6.5 且不大于 8.5

续表

指　　标	限　　值
3. 感官性状和一般化学指标	
铝(mg/L)	0.2
铁(mg/L)	0.3
锰(mg/L)	0.1
铜(mg/L)	1.0
锌(mg/L)	1.0
氯化物(mg/L)	250
硫酸盐(mg/L)	250
溶解性总固体(mg/L)	1000
总硬度(以 $CaCO_3$ 计,mg/L)	450
耗氧量(COD_{Mn} 法,以 O_2 计,mg/L)	3 水源限制,原水耗氧量＞6mg/L 时为 5
挥发酚类(以苯酚计,mg/L)	0.002
阴离子合成洗涤剂(mg/L)	0.3
4. 放射性指标[②]	指导值
总 α 放射性(Bq/L)	0.5
总 β 放射性(Bq/L)	1

①MPN 表示最可能数；CFU 表示菌落形成单位。当水样检出总大肠菌群时，应进一步检验大肠埃希氏菌或耐热大肠菌群；水样未检出总大肠菌群，不必检验大肠埃希氏菌或耐热大肠菌群。

②放射性指标超过指导值时，应进行核素分析和评价，判定能否饮用。

饮用水中消毒剂常规指标及要求　　　　表 3-12

消毒剂名称	与水接触时间	出厂水中限值	出厂水中余量	管网末梢水中余量
氯气及游离氯制剂 (游离氯,mg/L)	至少 30min	4	≥0.3	≥0.05
一氯胺(总氯,mg/L)	至少 120min	3	≥0.5	≥0.05
臭氧(O_3,mg/L)	至少 12min	0.3	—	0.02 如加氯,总氯≥0.05
二氧化氯(ClO_2,mg/L)	至少 30min	0.8	≥0.1	≥0.02

　　2）管网水水质指标检测频率应按照现行行业标准《城市供水水质标准》CJ/T 206—2005 执行。

　　3）水质检验项目合格率：

　　①管网水水质合格率计算方法

$$P_L = \sum_{i=1}^{n} \frac{L_i}{\dfrac{L}{100} \times E_i} \tag{3-3}$$

式中　P_L——管网 n 个取水水样点，年度 L 项（$L=42$、$L=7$）检测加权平均合格率,%；

　　　　L_i——管网 i 取水水样点在年内共检测 L 项中，合格项目的累计总和；

E_i——管网 i 取水水样点在年内按月检测 L 项的年频率数；

n——管网取水水样点总数。

②管网水年综合合格率计算方法

$$P_{综合} = (P_{42} + P_7)/2 \qquad (3-4)$$

式中　$P_{综合}$——管网水年综合合格率，%；

P_{42}——管网 n 个末梢取水水样点的 42 项检测，每年按月≥1 次加权平均计年合格率，%；

P_7——管网 n 个取水水样点的 7 项检测，每年按月≥1 次加权平均计年合格率，%。

4）检测结果异常的指标应跟踪检测。

（2）水压

1）测压频率

在线压力监测点应每日进行水压监测，用于对在线压力监测点复核的人工压力监测点应每年进行不少于一次水压监测；用于过渡期水压监测的人工压力监测点应每日进行不少于两次水压监测。

2）测压时间

在线压力监测点应每日监测不少于 20h，从 6:00 至次日 2:00，每小时按 15min、30min、45min、60min 四个时点记录压力值；用于对在线压力监测点复核的人工压力监测点按测压当天 18:00—24:00 进行压力监测，每小时按 15min、30min、45min、60min 四个时点记录压力值；用于整改过渡期水压监测的人工压力监测点按测压当天 10:00、17:00 记录压力值。

3）水压合格率要求

$$服务水压合格率 = \frac{考核时段内测压点水压监测合格数}{考核时段内测压点水压监测总数} \times 100\% \qquad (3-5)$$

服务水压合格率应≥99%。

（3）漏损

1）通过对比改造区域漏损率，评价项目改造效果，具体内容包括：统计供水总量；统计计费用水量；统计免费用水量；计算注册用户用水量；计算漏损水量；计算漏失水量；计算计量损失水量；计算其他损失水量。

2）供水管网改造后漏损率要求不应高于 5%。

第4章

供水管网运行管理

供水管网运行管理主要包括供水调度、停水管理、管网冲洗，因方案不合理或是处置不规范等均有可能带来供水管网水质风险，造成水质事故。

出于供水安全的考虑，城市双水源保障的现象越来越多，在日常供水中，进行水源切换的操作时有发生，供水调度管理越来越重要。水源切换不仅会改变水的流向、流速等水力条件，而且供水管网水质也会发生变化，新旧水源水力、水质条件的改变，会打破原有管垢与水之间的平衡，使得部分管垢释放到水中，导致水中金属氧化物、颗粒物、浊度等含量急剧上升，出现"黄水"等异常水质现象，导致不好的用水体验。

停水极易引起水质事故。因停水导致的管道内水流方向改变、流速发生变化，都会使管道内水流产生剧烈扰动，将原先稳定沉淀在管道底部的沉积物泛起，使黏附在管壁上的生物膜脱落，进而破坏供水管网水质稳定性，发生水质事故。

在进行供水管网规划设计时，考虑到城市发展的需求，预留偏大的管径是较为普遍的现象，考虑到供水管网建设的经济性，供水管网中会或多或少地存在一些末梢枝状管网，并且，在供水管网实际运行过程中，用户用水量的波动也是不可避免的。因此，完全杜绝供水管网中因停留时间过长、流速变动而带来的水质影响是难以做到的。为了尽可能减少管道内污染物沉积和脱落对水质稳定带来的不利影响，除了应在供水管网更新改造过程中改善管网流速偏低处、结构不合理处，还应加强对蓄水设施、供水管道进行定期检测和维护，及早发现水质污染隐患，并开展管道冲洗作业，及时消除低氯量、去除沉积物和生物膜，保障供水水质稳定。管网冲洗是目前预防和处理供水管网水质事故的主要手段之一，就是在水质较差的区域利用消火栓和管道排放口进行管内排放，直到出水的浊度、余氯、色度等指标达到《生活饮用水卫生标准》GB 5749—2006 的限值要求。

4.1 供水调度

供水调度的基础是对供水系统的取水、制水、供水各个环节的实时运行状态、设备能力的了解，从而建立一个完善的调度控制系统。随着经济飞速发展，城市规模不断扩大，传统的人工供水系统运行管理和调度模式面临严峻的挑战，难堪重负。伴随着城市供水系统暴露出的不足和缺陷而来的供水系统突发事件、漏损率居高不下及供水系统运行不断增长的能耗问题，使得传统供水调度的局限性日益凸显。现代化的供水调度体系需要利用现有的计算机技术、网络技术、通信技术、数学统计技术等建成一个相对完备的数据信息库。在此数据信息库的基础上，进行分析、选择最佳调度方案，取得较高的经济和社会效益。我国供水行业调度的信息化系统起步比电力和铁路行业晚，在改革开放之后才逐步发展起来。供水系统的信息化和自动化是供水单位发展建设的必然趋势。在供水科学调度过程中，调度决策系统选择调度方案时必须借助于状态评价体系。状态评价体系能够全面地评价供水系统的服务水平，评判调度方案的优劣，为调度决策系统选择调度方案提供科学依据。

4.1.1 供水调度范围与调度管理

供水运行调度工作应符合现行行业标准《城镇供水管网运行、维护及安全技术规程》CJJ 207 的要求。供水运行调度工作范围为整个输配水管网和管道附属设施、管网系统内的增压泵站、清水池及水厂出水泵房等。

供水调度管理工作应包括编制调度计划，发布调度指令，协调水厂、泵站和管网等管理部门处理管网运行突发事件，编写突发事件处理报告等。调度计划应包括月调度计划和日调度计划。供水运行调度人员应根据实际情况调整日调度计划，发布日调度指令，合理控制管网供水压力，对当天启闭的干管阀门进行操作管理。根据用水量的空间分布、时间分布、分类分布和管网压力分布情况，建立用水量和管网压力分析系统。

调度的优化需要分析城市供水管网现状，并结合现状提出城市供水管网优化调度方式，运用自动化供水管网系统，不依靠人力自动调节供水量和水压，实现自动化调度的目标。还可以应用宏观模型、多种预测方法、合理建设泵站，以多种方式调度城市供水范围和水量，有利于优化供水调度方式，不仅能降低运行维护成本，还能减轻人力调度工作负担，从不同途径优化调度，有效提高供水调度效率。

供水优化调度是为了在保证城镇供水服务质量的同时降低供水能耗。供水优化调度工作包括的内容：

（1）建立水量预测系统，采用多种不同算法，综合气象、社会等诸多外部因素产生的影响，确定最适合本供水区域的水量预测方法和修正值。

（2）建立调度指令系统，对调度过程中所有调度指令的发送、接收和执行过程进行管理，同时对所有时段的数据进行存档，用于查询和分析。

（3）建立供水管网数学模型，作为优化调度的技术基础。

（4）建立调度预案库，包括日常调度预案、节假日调度预案、突发事件调度预案和计划调度预案。

（5）建立调度辅助决策系统，包括在线调度和离线调度两个部分。

4.1.2 供水调度方案评价

供水调度方案评价模型在供水科学调度系统中是不可或缺的，有了它能实现科学、有效的调度。建立科学的供水调度方案评价模型要以供水优化调度理论为基础，以经验调度数据或专业系统为参考，结合综合评价方法，逐步提高评价模型的实用性、准确性和科学性。

1. 评价指标

为供水调度决策系统提供一个科学的、可供操作的调度方案评价手段，评价指标体系的建立是相当重要的。供水调度是一个复杂的系统和过程，评价指标体系呈现出多目标性和多层次性，必须采用相应结构来建立多目标状态评价的指标体系。这种指标体系，不仅可以应用各单项指标进行评价，而且还可以通过相应的权重体系及综合方法进行综合评价。

根据供水科学调度在供水可靠性、安全性和经济性方面的约束条件，拟考虑对供水调度方案从水力性能、水质性能和供水费用三个方面进行评价，最后实现综合评价和方案优选。

（1）水力性能评价指标

在供水管网中，流量和水头是反映供水管网水力特性的两类基本水力要素，包括管段流量、管段压降、节点流量、节点压力等，它们之间的关系反映了供水管网的水力特性。对于整个供水系统来说，节点水头和管段流量是用户最为关心的，也是供水系统服务水平最直接的表现，它们是反映供水调度方案优劣的两个重要参数。在给定管网的供水系统中管段直径和管段流速成正比，那么在供水调度方案评价中，管段流量可以用管段流速来替代。而在供水调度时，会引起水力瞬态过程，压力波动是不可避免的，节点压力波动既影响到供水服务水平，又是管网漏失和爆管事故的诱因。所以在水力性能评价方面，选取节点压力、管段流速和节点压力波动系数三个评价指标。

1）节点压力

节点压力是供水管网中最重要的指标之一，它既反映了供水系统的服务水平，同时又是管网漏损的重要影响因素。

在传统的供水调度工程中，节点压力值的变化决定着供水调度方案。例如，在一个传统经验调度过程中，某时段某个测压点的压力值一直在变化，调度人员根据以往的调度经验判断该节点压力值的变化是否影响到供水系统的服务水平，从而决定是否执行新的供水调度方案。无论是在以经验调度为主的供水调度系统中，还是在以计算机辅助的科学调度系统中，都必须把节点压力作为最重要的一个水力参数来考虑。

在确定节点压力为评价指标后，就必须为节点压力指标设置合理的评价标准，以此标准来评判相应节点压力所反映的供水系统服务水平。在供水管网中，每个节点都存在一个最小服务水头 h_{min} 和一个最大服务水头 h_{max}。供水管网的最小服务水头是确定管网水压、计算水泵扬程的重要参数。为了满足用户的需水量，供水管网中各节点均存在一个应满足的自由水头值，该值通常是指在没有额外加压的条件下靠供水管网压力供水直接能达到的建筑物的平均高度，此值即为该节点所需的最小服务水头。

供水管网中的最大服务水头为控制管网水量漏失和爆管的发生而设定的最大服务压力，一般是由供水管网的输配水设备及用水器具的结构耐受能力所决定的。

根据每个节点的最小服务水头和最大服务水头，通过数学方法找出规范化评价值对节点压力的变化规律，即可绘制出节点压力标准惩罚曲线，如图 4-1 所示。该曲线反映了供水系统中实际指标值对供水系统服务水平的敏感程度，所反映出来的服务水平在"没有服务"和"最优服务"状态之间变化。在节点压力标准惩罚曲线绘制过程中，建立一个从 0 到 4 的指标比尺，具体含义是：0 表示没有服务，1 表示不可接受服务，2 表示可接受服务，3 表示充分服务，4 表示最优服务（下述其他评价指标均采用这一指标比尺）。这样参与评价的参数实际值就规范化在 0～4 取值，利用规范化评价值可以对其进行统一评判。

在绘制节点压力标准惩罚曲线时主要考虑如下：

①当节点压力（节点压力均为节点自由水头值）恰好等于该节点所要求的最小服务水头时，即表示该节点的服务水头达到了最优水平，在这个压力作用下用户得到了满意的需

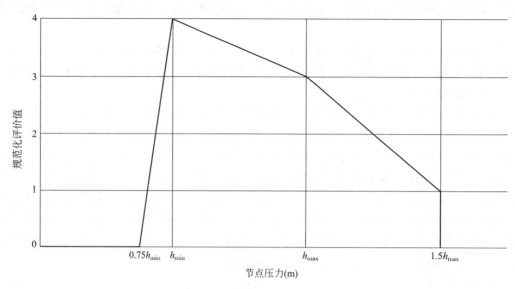

图 4-1　节点压力标准惩罚曲线

水量，并且可以控制漏损。

②当节点压力恰好等于该节点所要求的最大服务水头时，用户的用水量需求已经满足，但是这种状态不是最优服务状态，而且该节点的上游节点水头也超过了各自的最小服务水头，因此认为供水系统处于充分服务的状态。

③当节点压力等于该节点所要求的最小服务水头的 75％时，在这种状态下用户无法得到用水服务，即认为供水系统处于没有服务的状态。

④当节点压力等于该节点所要求的最大服务水头的 1.5 倍时，认为供水系统处于不可接受的服务状态。

2）管段流速

供水管网中管段流速反映了该管段的水力负荷，流速大说明水力负荷高，因此管段流速也是一个重要的供水管网运行状态变量。供水管网中各管段的流速存在着最大值和最小值限制。流速过大会冲刷管道内壁，对管道结构造成威胁，还容易导致供水管网中发生水击；相反，流速过小容易造成管道内壁沉积，进而引起流动堵塞，同时也潜在着供水管网中的水质问题。供水管网中不同管材不同管径的管段，对最大流速和最小流速的要求都是不一样的。在一些设计规范中，通常指定设计流速的参考值，也可根据经验公式确定参考流速。参考经济流速值只是作为管段流速评价标准的划分和参考，与实际供水系统中管道和流速的关系有所不同。

依据参考经济流速（V_J）和评语集，通过数学方法找出规范化评价值对管段流速的变化规律，按指标比尺绘制管段流速标准惩罚曲线，如图 4-2 所示。

在绘制管段流速标准惩罚曲线时主要考虑如下：

①当管段流速恰好等于该管段参考经济流速时，表示供水系统在用户得到满意服务情况下的运行费用为最小，管段流速处于最优的服务状态。

②当管段流速降低为该管段参考经济流速的 50％或上升至该管段参考经济流速的 3 倍时，对管段是非常不利的，用户也无法享受到供水服务，即管段流速处于无服务的状态。

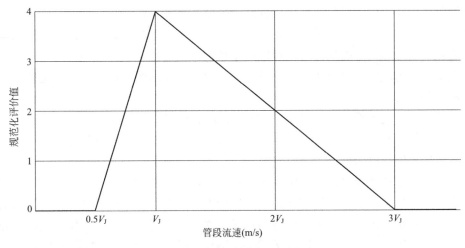

图 4-2 管段流速标准惩罚曲线

③当管段流速恰好等于该管段参考经济流速的 2 倍时,用户的供水服务能得到保证,但是供水系统的运行成本不是最优化的,即管段流速处于可接受的服务状态。

3)节点压力波动系数

供水调度过程其实就是一个水力瞬态变化过程,流速的变化会导致节点压力的波动。送水泵站或加压泵站泵的启停、管网控制阀的启闭、二次供水设备的启停等,都会引起压力的波动。从水力角度看,供水管网中各节点的水压可以随时间产生有限度波动,但是水压的波动必须在相应的允许压力波动范围内,否则将会影响供水系统的服务水平,增大供水管网漏失量,进而引起大爆管。

根据每个节点的水压波动,通过数学方法找出规范化评价值对节点压力波动系数的变化规律$\left(节点压力波动系数\ X = \dfrac{h - h_0}{h_0}\right)$,按指标比尺绘制节点压力波动系数标准惩罚曲线,如图 4-3 所示。

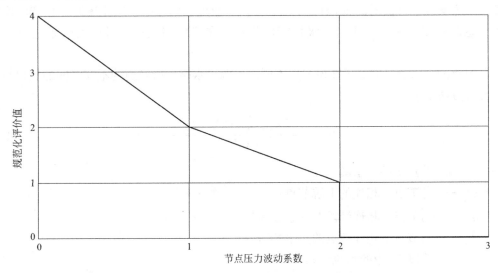

图 4-3 节点压力波动系数标准惩罚曲线

在绘制节点压力波动系数标准惩罚曲线时主要考虑如下：

①当节点压力波动系数等于 0 时，节点处于最优的服务状态，即无论需水量和运行条件如何变化，节点压力总能保持一个恒定的水压值。

②当节点压力波动系数等于 1 时，节点处于可以接受的服务状态，但不是处于可以充分接受的服务状态。

③当节点压力波动系数等于 2 时，这时的节点压力波动可能会造成供水系统的不稳定，使供水系统存在安全隐患，即认为供水系统处于不可接受的服务状态。

（2）水质性能评价指标

在城市供水系统所提供的服务中，用户最为关心的就是水质。从整个供水系统来看，水厂出水一般都达到或超过了国家饮用水卫生标准的规定，但是在经过庞大的管网系统输送给用户的过程中，水在管网内停留时间过长而受到二次污染，水质恶化。因此，分析供水管网水质，并确定供水管网对供水水质的影响，对提高供水系统的服务水平具有重要意义。

饮用水水质指标较多，要评价供水管网水质，就必须建立起多水质指标的水质模型，模拟水质在供水管网中随时间和空间的变化规律。目前这种模型在应用上存在诸多问题。因此必须另寻仅通过水力模拟就能得到的综合参数来反映水质状况。

供水管网内的水力停留时间、流速变化和管网水力特性是对供水管网水质产生影响的主要因素，氯在供水管网中的消耗速度与时间有关。如果水在管网内的停留时间过长，就会导致水的质量下降，在管道内产生锈蚀和生物膜。因此，水在管网内的停留时间可以作为评价管网中水质的安全可靠性的重要依据。

水在管网内的停留时间是指水从水源点至各节点的流经时间，也被称为节点"水龄"。停留时间的长短表明各节点上水的"新鲜"程度，是该节点上水质安全性的重要参数。影响节点"水龄"的重要参数是管段流速，而该变量可以通过供水管网的水力模型得到。计算出了整个供水管网范围内所有节点的"水龄"，就等于量度了整个供水管网的水质，还可以辨别出供水中的所谓的"新鲜水"区域和"陈旧水"区域。本手册选用"水龄"作为调度前对方案的评价依据，而 pH、余氯、浊度、色度、电导率、氧化还原电位和温度等监测传感器实测水质参数作为二级性能的指标，在完成调度后，对调度效果进行综合评价。

某节点的"水龄"应等于在该节点不同的水源供水路线所经历的不同时间的加权平均值，计算方法如下：

$$T_j = \frac{\sum k \in U_j q_{kj}(T_k + t_{kj})}{\sum k \in U_j q_{kj}} \tag{4-1}$$

式中　T_j——节点 j 的"水龄"，s；

　　　　U_j——与节点 j 相连的上游节点；

　　　　q_{kj}——与节点 j 相连管段 k 的管段流量，m^3/s；

　　　　T_k——与节点 j 相连节点的"水龄"，s；

　　　　t_{kj}——管段 kj 中的水流时间，s。

对供水调度方案从水质性能方面进行评价就是建立以节点"水龄"为基础的水质性能

量度。依据规范化评价值和供水管网性能的评价指标比尺，基于节点"水龄"的标准惩罚曲线如图 4-4 所示。

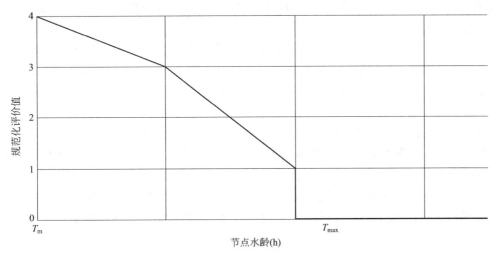

图 4-4　节点水龄标准惩罚曲线

节点水龄标准惩罚曲线反映了"水龄"随节点性能指标等级的变化规律，在绘制时主要考虑如下：

1）根据供水管网水质的经验数据或试验检测数据，设定可充分节点"水龄"值 T_m。当节点"水龄"实际计算值小于 T_m 时，用户所享受的供水在管道中流动时间不长，水质完全符合标准，即认为此状态下用户能够享受到充分的服务。

2）根据供水管网水质的经验数据或试验检测数据，设定最大允许节点"水龄"值 T_{max}。当节点"水龄"实际值大于 T_{max} 时，由于供水在管道中流动时间过长，水质发生了变化，已经不能满足用户对水质的要求，故认为该状态下用户得不到供水系统提供的水质服务。

3）在节点"水龄"从 T_m 增加到 T_{max} 的过程中，供水管网水质发生了不同程度的恶化，用户所能享受到的水质服务越来越差，即供水系统的服务水平从最优服务下降至勉强可以接受的服务直至没有服务的状态。

（3）供水调度经济指标

供水费用是衡量供水调度是否优化的重要指标，大多数供水系统优化调度均以供水费用最小为目标函数。

对供水单位来说，它的供水费用包括制水成本、输配水成本和管理费用三部分。制水成本主要指原水费、动力费、药耗费、生产运行费等；输配水成本主要指输配动力费、运行费、管网折旧等；管理费用主要指水质检测费、水量调度费、办公费等。对供水调度来说，广义的调度费用是指水资源利用费、水处理费、供水泵站运行电费及泵站维护费、人力资本费、管网及设备维护费等；狭义的调度费用一般指水厂制水费用和供水泵站运行电费。由于目前国内城市供水调度主要指的是供水管网运行调度，主要通过泵站水泵的开闭或转速调整来对整个供水系统的水量和水压进行调节，所涉及的供水费用为狭义的调度费用。因此本手册从供水费用方面评价供水调度方案时，主要考虑水厂制水费用和供水泵站运行电费为供水费用。

在一个调度 k 时段内供水系统的制水费用为各水厂制水费用之和，主要包括取水、输水及水处理过程的电耗和药剂等费用，可表示为各水厂不同时段内制水成本与供水量的乘积的总和。

在一个调度 k 时段内供水系统的泵站运行电费主要是指二级泵站加压输水所消耗的电费，其值与时段内工作泵站及水泵数量、单泵供水量、单泵扬程、水泵工作效率及电价有关，那么在一个调度 k 时段内供水系统的供水费用＝各水厂制水费用之和＋泵站运行电费。

对供水调度方案从供水费用方面进行评价时，就可以用调度时段内单位水量的供水费用作为评价指标。供水系统中优化调度模型是以供水费用最小为目标，求解优化调度模型可以得出最小单位水量供水费用，以此作为评价的参照标准。

根据调度时段内最小单位水量供水费用，通过数学方法找出规范化评价值对单位水量供水费用的变化规律，按指标比尺绘制单位水量供水费用标准惩罚曲线，如图 4-5 所示。

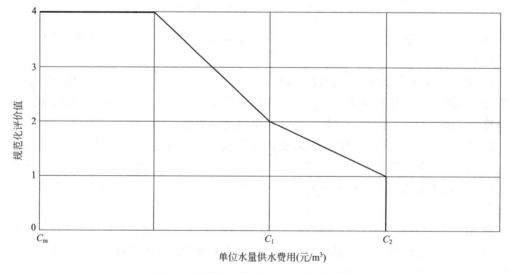

图 4-5　单位水量供水费用标准惩罚曲线

在绘制单位水量供水费用标准惩罚曲线时主要考虑如下：

1）设最小单位水量供水费用为 C_m。当供水调度方案的某时段单位水量供水费用小于 C_m 时，就表明该调度方案的费用最省，从供水费用方面来说该调度方案是最优的，即认为此状态下供水系统最优。最小单位水量供水费用值可以通过已有数据推算或模拟估算得出。

2）单位水量供水费用在 C_m 基础上提高 0.1 元/m³，记为 C_1。当单位水量供水费用为 C_1 时，从供水费用来看该调度方案不是费用最省的，还存在着费用最优的调度方案，但该调度方案的能耗还可以接受，即认为该调度方案下供水系统处于可接受的服务状态。

3）单位水量供水费用在 C_m 基础上提高 0.2 元/m³，记为 C_2。当单位水量供水费用

为 C_2 时，在此调度方案下，供水费用相当大，存在着许多比该调度方案供水费用更经济的方案。若调度方案的单位水量供水费用大于 C_2，则认为该调度方案是不可取的，即供水系统处于不可接受的服务状态。

2. 综合评价

（1）评价方法的选取

如前所述，供水调度方案的评价涉及诸多指标。为多指标体系选取合适的评价方法尤为关键。其评价方法大体可分为主观赋权评价法与客观赋权评价法两类。主观赋权评价法常用层次分析法与模糊综合评价法，客观赋权评价法主要有灰色关联度法与主成分分析法等。

1）层次分析法

层次分析法（The Analytic Hierarchy Process，AHP），是由美国运筹学家 T. L. Satty 提出的定性结合定量分析的决策方法。其主要原理是将一个复杂的多目标问题逐层分解，并通过对比两两指标之间的重要程度建立判断矩阵。根据数理统计与计算，可以求得不同指标重要性程度的权重。

该方法是将定性分析与定量分析有机结合，是同时具有系统性与层次性的思维方式，且操作较为简洁、灵活，实用性强。其缺点是在咨询专家意见时存在主观性与不确定性，易出现判断矩阵不一致现象。

2）模糊综合评价法

模糊综合评价法（Fuzzy Comprehensive Evaluation，FCE），由美国控制论专家 L. A. Zadeh 提出，是以模糊数学为基础，将一些较为模糊化的指标与因素定量化的评价方法。其基本原理为通过确定评价对象的指标集与评价集（一般分为五个等级：优、良、中、较差、差），再分别确定各指标的权重及其隶属度向量，获得模糊评价矩阵。最后进行模糊运算并归一化，得出结果。其最突出的优点即为以定性指标定量化的方式解决了涉及模糊因素的不确定性问题。但其也有一些突出缺点，如无法解决相关评价指标的信息重复问题，对于多目标评价模型需要一一对应隶属度函数，过程较为困难且繁琐，实用性小于层次分析法。

3）灰色关联度法

灰色关联度法（Grey Relational Analysis，GRA），由华中理工大学教授邓聚龙提出，当评价对象只拥有少量模糊的数据时，可应用此方法将潜在信息白化处理，从而进行预测与决策。在灰色关联度分析中，当若干个统计数列所构成的曲线形状相似且更接近时，则认为其变化趋势越相似，关联度越大。其基本原理为确定各方案与最优指标组成的最优方案的关联系数矩阵，求得关联度，再对关联度的大小进行整理、分析，得出结果。其优点明显，计算简单，操作易懂，且仅需要少量代表性样本即可计算。缺点为使用该方法求得的关联度总是正值，无法反映事物之间原本的联系，具有较大的片面性。

4）主成分分析法

主成分分析法（Principal Component Analysis，PCA），由 Karl 和 Pearson 最早提出，Hotelling 推广至随机向量。该方法的核心思想为"降维"，即把多指标转换为若干个较为重要的其他综合指标。其基本原理为采用数学变换的方法，根据评价对象的不同方面、层次及不同量纲的多个指标综合转换成一个综合指标。其优点为基于评价指标中的相关性特点，用较少的指标反映较多的信息，避免因方便采取个别指标所产生的信息损失和采取全部指标造成的信息重叠问题。缺点为对于计算方面要求过高，需要足够数量的样本指标，同时此方法的应用前提为假设各指标之间为线性关系，但若出现非线性关系指标，结果会产生较大的偏差。

根据以上评价方法的优缺点与适用条件，结合评价对象的特点，对评价方法的选取进行分析。其中客观赋权评价法中的灰色关联度法和主成分分析法的缺点较为明显，灰色关联度法中算得的关联度总为正值，主成分分析法中要求各指标之间为线性关系，不能较好地反映事物之间原本的关系。在主观赋权评价法中，层次分析法和模糊综合评价法皆有定性与定量相结合的优点，但相较而言模糊综合评价法计算复杂繁琐，层次分析法实用性强、操作简便。因此本节采用层次分析法进行供水调度方案的评价。

（2）评价指标体系的建立

评价指标体系的建立应遵循如下步骤：

1）建立层次结构模型

根据前面的分析结果，对供水调度评价指标进行层次划分，将结构模型分为水力性能、水质性能、供水费用三个方面并继续细化，为指标初选建立框架。

2）初步筛选评价指标

通过分析相关文献资料和实际案例，初步筛选出对供水调度影响较大的指标，形成评价指标体系。

3）根据专家意见咨询法确定评价指标

在初步筛选评价指标的基础上，根据拟建立的评价指标体系设计合适的调研表，开展相关专家学者的意见咨询工作。根据意见收集结果，最终确定评价指标如图4-6所示。

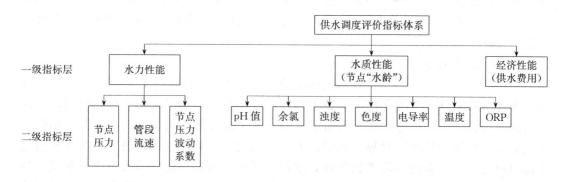

图 4-6　评价指标结构图

4）为各指标赋值

为各影响因素（指标）赋值的原则是：依据该影响因素（指标）所属状况对供水调度的相对有利程度从高到低依次赋值，最高为4分，最低为0分。

（3）评价指标分值的划分

各等级及对应分值见表4-1。

供水调度评价表　　　　　　　　　　　　　表 4-1

目标层	一级指标层	二级指标层	分值划分	得分 S
供水调度评价指标体系	水力性能	节点压力	$h=h_{min}$	4
			$h_{min}<h<h_{max}$	$S=-\dfrac{1}{h_{max}-h_{min}}h+\dfrac{h_{min}}{h_{max}-h_{min}}+4$
			$h=h_{max}$	3
			$h_{max}<h<1.5h_{max}$	$S=-\dfrac{4}{h_{max}}h+7$
			$0.75h_{min}<h<h_{min}$	$S=\dfrac{16}{h_{min}}h-12$
			$h\leqslant0.75h_{min}$ 或 $h\geqslant1.5h_{max}$	0
		管段流速	$V=V_J$	4
			$0.5V_J<V<V_J$	$S=\dfrac{8}{V_J}\cdot V-4$
			$V_J<V<3V_J$	$S=-\dfrac{2}{V_J}\cdot V+6$
			$V\leqslant0.5V_J$ 或 $V\geqslant3V_J$	0
		节点压力波动系数	$X=0$	4
			$0<X<1$	$S=-2X+4$
			$X=1$	2
			$1<X<2$	$S=-X+3$
			$X\geqslant2$	0
	水质性能（节点"水龄"）		$T=0$	4
			$0<T<T_m$	$S=-\dfrac{1}{T_m}T+4$
			$T=T_m$	3
			$T_m<T<T_{max}$	$S=-\dfrac{2}{T_{max}-T_m}T+\dfrac{2T_m}{T_{max}-T_m}+3$
			$T\geqslant T_{max}$	0
	供水费用		$C\leqslant C_m$	4
			$C_m<C<C_1$	$S=-\dfrac{2}{C_1-C_m}C+\dfrac{2C_m}{C_1-C_m}+4$
			$C=C_1$	2
			$C_1<C<C_2$	$S=-\dfrac{1}{C_2-C_1}C+\dfrac{C_1}{C_2-C_1}+2$
			$C=C_2$	1
			$C>C_2$	0

（4）确定评价指标权重

1）专家意见收集

通过收集专家对供水调度各指标作两两比较的意见，根据判断矩阵 1-9 标度法定义表（见表 4-2）标出具体数值。

判断矩阵 1-9 标度法定义表　　　　　　　　　　　　　表 4-2

标度 a_{ij}	含　义
1	两者比较,重要性相同
3	两者比较,i 比 j 稍微重要
5	两者比较,i 比 j 明显重要
7	两者比较,i 比 j 强烈重要
9	两者比较,i 比 j 极端重要
2、4、6、8	分别表示为相邻 1~3、3~5、5~7、7~9 的中值
倒数	两者比较,j 比 i 的重要性标度

其中,a_{ij} 表示第 i 个要素相对于第 j 个要素的标度,$a_{ji} = \dfrac{1}{a_{ij}}$。当 $i = j$ 时,$a_{ij} = 1$。专家填写表格样例见表 4-3、表 4-4。

专家意见收集表样例（一级指标层）　　　　　　　　　表 4-3

a_i \ a_j	水质性能(节点"水龄")	水力性能	供水费用
水质性能(节点"水龄")	1	—	—
水力性能	—	1	—
供水费用	—	—	1

专家意见收集表样例（二级指标层）　　　　　　　　　表 4-4

a_i \ a_j	节点压力	管段流速	节点压力波动系数
节点压力	1	—	—
管段流速	—	1	—
节点压力波动系数	—	—	1

2）权值计算

权值计算步骤如下:

①整理专家意见调查表中的原始数据,形成判断矩阵 A。

②初始相对权重计算

将建立的判断矩阵使用方根法计算,得到各指标的层次单排序结果,从而得知该层指标对于上层指标的初始相对权重,步骤如下:

a. 计算判断矩阵 A 各行元素的乘积的 n 次方根 $\overline{A_i}$（n 为被评价层的指标数量);

b. 对 $\overline{A_i}$ 进行归一化处理,得到该层指标的相对权重向量:$\omega^{\mathrm{T}} = (\omega_1, \omega_2, \cdots, \omega_n)$。

③一致性检验

对初始相对权重进行一致性检验,用于验证在指标比较过程中专家评分的主观差异是否贴合指标间的相互关系。

应用 MATLAB 计算判断矩阵 A 的最大特征值 $\lambda_{\max}$ 与其对应的特征向量。

计算判断矩阵 A 的一致性偏离程度 CI 与一致性比率 CR。

当指标数量 $n \geqslant 3$ 时,需进行一致性检验。当 CR < 0.1 时,即认为判断矩阵符合一致

性；当 CR>0.1 时，即认为判断矩阵存在较大偏差，需对指标进行重新修正，并构建新的判断矩阵，使 CR 符合一致性要求。

④偏差修正

根据判断矩阵 A 的相对权重向量 $\omega^{\mathrm{T}}=(\omega_1,\omega_2,\cdots,\omega_n)$，构造新的判断矩阵 A'，使 $A'=\dfrac{w_i}{w_j}$，得出偏差矩阵。计算偏差值 $\delta_i=\sum\limits_{j=1}^{n}|a_{ij}-a'_{ij}|^3(i=1,2,\cdots,n)$，得出偏差值的最大值 $\delta_{\max}=\max(\delta_1,\delta_2,\cdots,\delta_n)$。根据 $\delta_{\max}$ 所在矩阵行与列 B，令 $a_{bj}=a_{bi'}$、$a_{jb}=a_{jb'}(j=1,2,\cdots,n)$，得出新的判断矩阵重新计算。

⑤层次总排序

计算同一层的所有因素对于目标层的排序权重，即通过计算较低层次因素与较高层次因素的组合权值，计算出较低层次因素对于总目标的相对权值。

其中一级指标层中权值为 Q_m，二级指标层中各权值为该层指标权重与对应一级指标层权值的乘积 $Q_m\times Q_n$，三级指标层中各权值为该层指标权重与对应的一、二级指标层权值的乘积 $Q_m\times Q_n\times Q_l$。

3. 优选及备用方案

（1）最终权值确定

将所有专家的意见进行数据统计与计算，并取平均值，最终求得各指标权重 Q。

（2）供水调度评价等级

将各项指标取值录入供水调度评价体系，得到原始评分。为将最终评分值范围界定在 0～1 内，采用极大值归一化方法，将原始评分除以指标等级划分段 4，得到归一化最终评分值 X。

根据最终评分值将供水调度评价等级划分为"优秀、良好、中等、合格、不合格"共 5 个等级，见表 4-5。

评分结果等级划分　　　　　　　　　　　　　　　　表 4-5

归一化最终评分值 X	等级
$0\leqslant X<0.6$	不合格
$0.6\leqslant X<0.7$	合格
$0.7\leqslant X<0.8$	中等
$0.8\leqslant X<0.9$	良好
$X\geqslant 0.9$	优秀

当有多个调度方案时，可根据上述评价等级排序，择优选取。

4.1.3　调度中的保障

供水调度方案的实施基于 SCADA 系统，通过 SCADA 系统，可以实现对泵站内水泵的控制，对管网中控制阀开度的控制，对管网中水质、压力和流量的监测。

1. 泵的组合及调速控制

基于 SCADA 系统，可以实现对供水管网内各生产水泵的远程控制，水泵的开、停自动控制由调度软件向 PLC 发出开停命令后，PLC 对开泵条件进行检测，如水泵是否已停泵超过规定的安全时间，蓄水池液位是否在高水位以上，管网上是否有阀门处于异常状态。如果所有条件均满足则开泵，停泵的控制过程与此类似。监控中心下辖水厂的所有水泵，会根据各个水泵运行时间的长短和各个水泵用电电费单价的高低形成"水泵调度规则集"，优先使用电费单价低或总体运行时间短的水泵，从而对水泵群的启停进行调配，降低成本，延长水泵使用寿命，提高工作效率。水泵的启停受到调度软件的控制和管理，实现了送水泵站或加压泵站的现场无人控制。

2. 控制阀的开度控制

控制阀指的是利用电动、气动、液动或电磁驱动等人力以外的方式，对阀门进行控制。其特点是：使用方便、安全；可以现场控制，也可以远距离控制；可以对单一阀门进行控制，也可以对多个阀门进行集中控制；可以进行简单的开关控制，也可以实现调节控制；配合电子计算机，可以实现程序化控制。

一般来说供水管网中各管段及控制阀对管网压力的影响存在以下规律：

(1) 主要输水干管对管网压力的影响较大，特别是当控制阀的开启度较小时，这些管段上的控制阀对整个管网压力的影响就更为明显。

(2) 处于供水分界线处的管段，因受不同水源流量分配的影响，对管网压力影响较大。特别是当管段基本上处于充满状态时，控制阀开启度的任何变化，这些管段的反应都比较灵敏，对管网压力分布有着较大影响。

(3) 供水管网中流量较小的管段，当控制阀开启度发生变化时，对流量变化不敏感，对管网压力影响小。在供水管网达到最终设计能力时，如上述状况依然持续，则有必要改善管网结构，使管网能充分发挥其负荷能力。

(4) 控制阀开启度越小，对管网压力的影响越大；控制阀开启度越大，对管网压力的影响越小。

控制阀的布置一般应遵循以下原则：

(1) 对供水管网进行水力分析，参考水力分析结果，进行控制阀布置。在有条件的情况下，进行控制阀不同开启度下的水力分析，计算各管段的"管网影响度"，将管段对管网压力的影响程度进行排序，以此作为控制阀布置的关键依据。

(2) 将控制阀布置在主要的输水干管上，可控制整个管网流量的分配，从而控制整个管网压力的分布。

(3) 在多水源供水管网中，将控制阀布置在供水分界线处的管段上，控制不同水源之间的流量分配，从而影响这些管段的供水能力和供水方向，进而影响供水管网各部分之间的压力分布。

以上只是布置控制阀时可遵循的一般原则，在生产过程中，还应结合供水管网的实际情况，最终确定控制阀的布置方案。一方面，尽可能将控制阀布置在压力监测点、测流计的附近，以减少所增加的附属设备；另一方面，要统筹考虑供水管网近、远期规划，注意在近、远期规划中某些管段对管网压力影响程度的改变。

进行控制阀布置的计算方法为：

(1) 确定供水管网的基础数据，如管段编号、管段起止节点、管长、管径、节点流量、地面标高等。

(2) 在第一个管段上设置控制阀，并假设一个初始开启度，按照前文中确定的水力计算方法在该开启度下进行管网水力计算，得出管网中各节点的压力初始值；改变管段开启度，再一次进行管网水力计算，得出另一组节点压力值；计算两组开启度下各节点压力差的平方和 C，并命名 C 为该管段在该控制阀开启度下的"管网影响度"。

（3）从第二个管段起，重复（2）的过程，计算每一个管段每一个开启度变化范围下的管网影响度 C，直到最后一个管段，并将 C 值按从大到小的顺序进行排序。

（4）根据（3）的排序结果，结合实际工程要求，最终确定控制阀的数量和位置。

建立通过开关阀调度的数学模型即通过优化控制阀的开启度，使供水管网各节点的剩余压力平方和最小。即：

$$\min_{\upsilon(k)}\sum(h_i-h_i^*)^2 \quad i=1,2,3,\cdots,N \tag{4-2}$$

约束条件包括：

（1）节点连续性方程。

（2）最低水压要求：

$$h_i \geqslant h_i^* \quad i=1,2,3,\cdots,N$$

式中　h_i^*——节点最低水压要求，m。

公式追求的是供水管网中所有节点都满足最低压力要求，而不仅是几个不利点。也就是说公式约束的最终目的是通过控制阀的调节，实现整个管网的压力均衡。

（3）控制阀开启度：

$$V(k)_{\min} \leqslant V(k) \leqslant V(k)_{\max} \quad k=1,2,3,\cdots,NV \tag{4-3}$$

式中　NV——控制阀数量。

（4）泵站供水压力：

$$H_i \leqslant H_{\max i} \tag{4-4}$$

式中　H_i——i 水源的供水压力，m；

$H_{\max i}$——i 水源的最大供水压力，m。

通过求解以上数学模型可以获得阀门开（关）调度的全局最优解。

3. 水力（流量和压力）监测

（1）流量监测

通过对供水管网流量的监测，供水调度人员可以了解管网供水量及事故发生情况。传统供水管网流量监测点大部分布置在水厂出水口以及主干管道，是基于调度人员的经验布置的，缺乏科学依据，因此需要利用科学方法进行流量监测点优化布置。

流量监测点的监测装置需要有较强的流量变化敏感度和较短的流量变化检测时间。国内目前常用的流量监测点优化布置方法有两种，分别是基于反映管网节点流量变化的监测点布置方法和基于有效检测范围的监测点布置方法。

基于反映管网节点流量变化的监测点布置方法：基于反映管网节点流量变化的监测点布置方法是建立在节点流量变化对管段影响的基础上，通过求出管网各个节点的敏感度，并结合拓扑结构建立考虑流量敏感度的监测点优化布置模型，再优化算法进行求解。通过求解监测点优化布置模型能够得到准确的监测点布置位置，而不是传统通过经验法确定的大致位置。

基于有效检测范围的监测点布置方法：通过检测范围来确定检测点的方法是建立在管网节点流量影响范围的基础上，通过求解出管网每个节点的影响系数以及影响范围，然后建立优化求解模型，最终解出最优监测点布置位置。该方法引入了有效检测范围的概念，较好地改善了通过流量的变化来直接确定监测点布置方法受干扰性大以及不能确定监测点准确覆盖范围的缺点，为城市供水管网流量监测提供了一种较为有效的监测点布置方法。

（2）压力监测

测压点的选定原则上要结合城市整个供水管网现状及将来运行情况确定，并且在具体分析目前供水管网中存在的在线或离线的测压点、测流点的位置、类型和可用性的基础上，尽可能充分利用现有资源、避免重复建设，在布置测压点时一般应遵循以下原则：①管网水力分界线；②管网水力最不利点、控制点；③大用户水压监测点；④主要用水区域；⑤大管段交叉处；⑥反映管网运行调度工况点；⑦管网中低压区压力监测点；⑧供水发展区域预留监测点；⑨管网测压点设置密度。

为达到测压点布置的预期目标，在线测压点技术方案的实施过程中须注意以下问题：①测压点的布置应采用理论与实践经验相结合的方式，为尽量保证布置的每一个点最优，应充分借鉴供水单位技术人员的丰富经验；②布置测压点时，先在图上找出测压点布设的大体位置，然后通过有计划地进行现场实勘工作，确定合理位置，确保方案的可实施性；③测压点最终详细位置确定之后，应交由各有关部门进行设备的安装，在安装测压设备时不能随意更改安装位置；④在建设过程中可考虑采用分步建设的方法，先对必要性强、位置重要的点进行建设。

4. 水质监测

供水系统是城市的重要基础设施，供水管网是影响供水水质的重要因素，特别是在拥有复杂供水管网的现代化大都市。水体在供水管网传输过程中引起的污染已经成为进一步提高供水水质的瓶颈，供水安全保障已成为城市发展中各方关注的重大问题。城市供水系统从水源到用户龙头，点多面广，众多环节之一受到损坏就可能不同程度地影响水量、水压或水质，而大多数水质监测又是定期的、事后的。在正常生产情况下和发生突发事故时，如何及时发现并保障供水安全是供水单位面临的重要问题。我国城市供水行业对于水质监测、评估及调控还没有形成一套可以在线监测、动态评估以及联动调控相结合的处置平台。

保持配水系统中良好的水质，要依靠该系统的设计和操作，也要依靠维护和检查。由于城市供水管道敷设在地下，难以像水厂等水处理工艺一样可以对各个流程出水水质进行方便的管理和监测，同时供水管网的用水点众多，不可能对全部用水点进行水质监测。因此，目前供水管网水质监测存在点多面散、管材复杂、缺乏连续监测数据、主干网和管网末梢分布不均的不足。而供水管网水质监测往往是以实验室的常规检测为依据，检测周期较长，因而对供水管网水质监测往往具有间歇性、被动性和延迟性，因此对于供水管网水质监测系统有待完善和提高，实现常规实验室检测和在线检测的有机结合，实现数字化管网监测系统。

在供水管网中需要传感器监测的主要参数有 pH、余氯、浊度、色度、电导率、氧化还原电位和温度等。

4.1.4　调度后的评价

调度后，根据实际监测所得的水力、水质和经济指标，采用第 4.1.2 节的评价方法，得到调度后的综合评价等级，并分别与调度前的相应指标进行对比分析。

调度后的水质评价指标不再选用模拟得到的"水龄"数值，而是采用与水质稳定性相关的实测值，如碱度、拉森比率、碳酸钙沉淀势（CCPP）、浊度、余氯等。

碱度是表示水吸收质子能力的参数，通常用水中所含能与强酸定量作用的物质总量来标定。这类物质包括强碱、弱碱、强碱弱酸盐等。碱度是判断水质处理控制的重要指标。碱度也常用于评价水体的缓冲能力及金属在其中的溶解性和毒性等。

1957 年拉森从美国中西部水样对铸铁管腐蚀的大量数据中提出了拉森比率。LR 越低，说明对管道的腐蚀越小。

CCPP 由 Rossum 提出，能定量算出待测水中应该沉淀或溶解多少 $CaCO_3$ 才能使水体达到化学稳定。CCPP 主要考虑的是碳酸钙溶解和沉淀这两个过程，其他对碳酸钙平衡影响较小的离子不予考虑（如 Mg^{2+}、SO_4^{2-} 等）。

浊度是指溶液对光线通过时所产生的阻碍程度，它包括悬浮物对光的散射和溶质分子对光的吸收。水的浊度不仅与水中悬浮物的含量有关，而且与它们的大小、形状及折射系数等有关。

余氯作为一种强氧化剂，是控制微生物生长的有效手段，在维持饮用水生物稳定性方面仍然发挥着重要作用。研究指出，管网水在长距离输送过程中，AOC 和 BDOC 随着供水管网的延长存在一定范围内的变化，主要是受到余氯以及水中营养基质的影响，而余氯在氧化有机物以及防止细菌大量繁殖时消耗较为严重，当管网水中余氯低于 $0.05mg/L$ 时，水质安全得不到保障，需二次加氯。

调度后评价表见表 4-6。

调度后评价表　　　　　　　　　　　　　　　　　　　　　表 4-6

目标层	一级指标层	二级指标层	分值划分	得分 S
供水调度评价指标体系	水力性能	节点压力	$h = h_{min}$	4
			$h_{min} < h < h_{max}$	$S = -\dfrac{1}{h_{max}-h_{min}} h + \dfrac{h_{min}}{h_{max}-h_{min}} + 4$
			$h = h_{max}$	3
			$h_{max} < h < 1.5h_{max}$	$S = -\dfrac{4}{h_{max}} h + 7$
			$0.75h_{min} < h < h_{min}$	$S = \dfrac{16}{h_{min}} h - 12$
			$h \leqslant 0.75h_{min}$ 或 $h \geqslant 1.5h_{max}$	0
		管段流速	$V = V_J$	4
			$0.5V_J < V < V_J$	$S = \dfrac{8}{V_J} \cdot V - 4$
			$V_J < V < 3V_J$	$S = -\dfrac{2}{V_J} \cdot V + 6$
			$V \leqslant 0.5V_J$ 或 $V \geqslant 3V_J$	0
		节点压力波动系数	$X = 0$	4
			$0 < X < 1$	$S = -2X + 4$
			$X = 1$	2
			$1 < X < 2$	$S = -X + 3$
			$X \geqslant 2$	0

目标层	一级指标层	二级指标层	分值划分	得分 S
供水调度评价指标体系	水质性能	碱度	$J \leqslant 80$	4
			$J > 80$	0
		拉森比率	$L \leqslant 0.5$	4
			$0.5 < L < 1$	$S = -8L + 8$
			$L \geqslant 1$	0
		CCPP	$0 \leqslant CCPP < 4$	4
			$-5 \leqslant CCPP < 0$ 或 $4 \leqslant CCPP < 10$	2
			$-10 \leqslant CCPP < -5$ 或 $10 \leqslant CCPP < 15$	1
			$CCPP < 10$ 或 $CCPP \geqslant 15$	0
		浊度	$Z \leqslant 1$	4
			$Z > 1$	0
		余氯	$C_{cl} \leqslant 0.05$	4
			$0.05 < C_{cl} \leqslant 0.10$	3
			$0.10 < C_{cl} \leqslant 0.15$	2
			$0.15 < C_{cl} \leqslant 0.30$	1
			$C_{cl} > 0.30$	0
	供水费用		$C \leqslant C_m$	4
			$C_m < C < C_1$	$S = -\dfrac{2}{C_1 - C_m}C + \dfrac{2C_m}{C_1 - C_m} + 4$
			$C = C_1$	2
			$C_1 < C < C_2$	$S = -\dfrac{1}{C_2 - C_1}C + \dfrac{C_1}{C_2 - C_1} + 2$
			$C = C_2$	1
			$C > C_2$	0

4.1.5 供水调度案例

近年来，由于我国南北方水资源分布不均和淡水资源短缺的形势进一步加剧，许多城市逐步采用南水北调等长距离引水工程调用异地水源或开发利用淡化海水等非常规水源，形成了本地地表水、本地地下水、外调水库水、淡化海水等多水源供水格局，并进行季节性或周期性的原水切换。

原水切换是导致原水水质化学组分发生变化的重要原因。原水切换后，虽然出厂水水质均符合《生活饮用水卫生标准》GB 5749—2006 的规定，但新旧水源在水质化学组分上的差异极有可能会引发供水管网铁不稳定问题，导致管垢铁的过量释放，用户龙头水水质下降，严重时造成水质恶化的"黄水"问题。原水切换后，原水水质化学组分突变，尤其是腐蚀性阴离子（硫酸根和氯离子）、pH 和碱度、硬度等水质参数的变化，极易破坏供水管网内壁稳定的管垢，引发铁的过量释放，导致管网水铁、浊度、色度超标。国内外曾发生过多次供水管网水质恶化的惨痛案例，其诱因即是原水切换。例如，20 世纪 40 年代美国南加州地区在原水由地下水切换为地表水后，发生了严重的"黄水"事件，供水管网内壁的腐蚀锈垢层溶出，用户出水严重异嗅异味。20 世纪 90 年代美国亚利桑那州 Tucson 市由本地地下水切换为科罗拉多河地表水后，发生了较为严重的"黄水"事件，引起了大量用户投诉和抱怨。天津市"引滦入津"后季节性切换滦河水和本地水库水，用户出水出现了"黄水"现象。北京市 2008 年调用河北水库地表水部分替代本地地下水和地表水后，曾引发了严重的"黄水"问题，给居民饮水安全造成了较大影响。浙江某海岛小镇2007 年采用淡化海水供水后，全镇发生了不同程度的"黄水"现象，且持续数月。下面以沈阳市为例，介绍原水切换出现的问题及解决方案。

沈阳市主体水源由地下水向地表水转换，出现了地表水与地下水在清水池混合出水，地表水与地下水在管网中混合供水等复杂供水状况。国内已有很多城市由于水源改变，出现水质变色等问题，难以找到有效的解决办法。供水方向的变化会对供水管网水质产生很大的影响。沈阳市供水管网陈旧，地下水水源铁、锰元素长期超标，铁、锰在供水管网中被氧化形成锈瘤和沉淀物，当水流流速和方向发生改变的时候，沉淀物会重新浮起进入管网水体，造成管网"黄水"、"黑水"现象。另外，供水管网中地下水与地表水交界区，由于不同水质的混合，温度、pH 等发生变化，影响管网水质生物稳定性。针对沈阳多水源供水，供水管网水质易恶化等问题，宜建立有效的水质监测机制。沈阳现状供水管网缺少水质预警机制和水质在线监测设备，只能靠用户提供举报线索，被动寻找水质恶化区域。

（1）原水情况

沈阳市供水系统水源呈现多样性，有地表水水源、地下水水源，也有地表水与地下水混合水源。配水厂地表水水源、地下水水源供水量见表 4-7。

配水厂地表水水源、地下水水源供水量（万 m^3/d）　　　　　表 4-7

地名	现状水源		近期水源		远期水源	
	地表	地下	地表	地下	地表	地下
李官		7.7	32.8		40	
竞赛		10.8	7.1		7.1	
砂山		8	7.8		7.8	
新南塔		16	1.1	13.9	15	
北陵		10.8	13	4.8	13	2.2
李巴彦		4.1		4.1	5	
大伙房一期	23.5		35.4		43	
南塔	15.18		18		18	
郎家		4.16				
黄家		4		4		
尹家		9		7		
于洪		3.17		4.5		
翟家		9.7				
河北		4.58		4.5	14.5	3.5

续表

地名	现状水源		近期水源		远期水源	
	地表	地下	地表	地下	地表	地下
小水源合		17.63		17		17
合计	38.68	109.64	115.20	59.80	163.40	22.70
总计	148.32		175.00		186.10	

（2）解决方案

1）老旧管道改造：地表水水厂与地下水水厂出厂水水质都达到《生活饮用水卫生标准》GB 5749—2006，是保障供水管网中混合水不恶化的前提，特别是铁、锰、浊度等水质指标超标是引起管网水变色的主要原因。供水流向发生改变、不同水质混合供水、水龄、管龄等因素影响供水管网水质，以水质最优化和经济性为目标，经过优化计算得到需要改造的管道。

2）管道清洗：水厂的出厂水虽经过处理，但不是纯净的水，仍含有某些无机物、有机物及微生物。无论何种材质的管道，水在管网的流动过程中会出现管道"生长环"。当供水管网内水流速度、方向或水压发生波动和突变时，就会将"生长环"上的生物膜、锈垢等带入水中，造成短时间的水质恶化，出现色度、浊度、铁、锰、细菌总数等多项指标超标。因此，有计划地更换管道，或对旧管道进行管道清洗，是保障供水管网水质的重要措施。管道清洗是个系统工程，涉及的部门较多，因此必须合理设计，有步骤地执行。实施前必须周密计划，确保清洗效果，同时将不利影响控制在最小范围内。清除管道内的"生长环"并采取必要的防腐措施，不仅可恢复通水能力，降低电耗，而且可改善管道内卫生状况，保证供水水质，提高供水的安全可靠性。实践表明，周期性清洗管道对提高供水管网水质、恢复管道通水能力、抑制腐蚀发生等具有重要意义。管道清洗范围根据水流方向改变、各个水源的供水趋势及地表水与地下水混合区域制定。由于各种原因无法改造的管道也应列为清洗管段。

3）建立供水管网水质监测点：实际的供水管网水质监测点按照监测内容要求，可以分为常规监测和预警监测。常规监测是日常管理下的水质实时监测；预警监测是应对突发性事件的发生而设置的。此次水质监测点同时注重常规监测和预警监测分布原则，两者结合统一考虑，建立优化模型。

4.2 停水管理

4.2.1 停水管理要求

1. 定义

停水管理是指在实施供水管网建设和设施维护的过程中，需要进行停水作业影响供水的，按照一定的流程和要求进行申报，经相关管理部门审核批准后实施的停水行为。为改善某一区域供水管网水质进行的有计划冲洗作业导致对用户的停水行为也涵盖在内。

2. 职责分工

（1）管网管理部门是停水作业的主管部门，负责停水申请的审核、停水方案的编制、阀门操作和监督工程进度的工作。

（2）营业客服部门负责停水方案的会审和通知受影响客户的工作，必要时实施送水。

（3）供水调度中心负责为配合停水作业对水厂、泵站机泵运行进行合理的调度开停。

（4）停水作业发起部门负责以书面（或 OA 电子文档）形式向管网管理部门提交停水申请。涉及施工的，应提交工程施工相关信息、管道清洗和排水的基础方案；涉及供水管网水质改善的，提供实施原因和目标用户区域。

（5）水质检测中心负责管道冲洗前、后的水质检测评判。

（6）宣传部门负责协调媒体做好停水宣传工作。

4.2.2　停水方案

1. 停水作业的申请

停水作业发起部门按规定向管网管理部门提交停水申请，涉及工程施工的并附工程施工方案。

施工方案中应包括工程概况、施工准备、施工图、施工步骤、排水及管道冲洗基础方案、应急预案等方面（含电子版）。其中，在施工图中须体现施工节点详图，在施工步骤中注明各步骤施工时间，以便后续审批；施工方案要落实现场施工责任人，并经施工单位盖章确认。

2. 停水方案的制定

（1）停水方案包含停水调度模型说明和阀门操作方案。

（2）停水调度模型是由水力模型划定停水区域演算获得，用于评估本次停水作业对非停水区域用户的影响，鉴于目前水司，一般环状干管比较多，所以一般要求不影响非停水区域用户，但不排除局部降压的可能。

（3）阀门操作方案就是本次停水作业阀门启闭所需的步骤。

（4）对于管径＜DN300 的停水作业，管网管理部门在收到停水申请后，制定阀门操作初步方案，并在 1 个工作日内勘查需操作阀门的状态和可操作性，以确定是否需要扩大停水范围，并制定停水方案和冲洗方案、起草停水公告和短信通知。

（5）对于管径≥DN300 的停水作业，管网管理部门在收到停水申请后 3 个工作日内制定停水方案，起草停水公告和短信通知。

（6）停水方案宜绘制成停水示意图。图中包括停水中须关闭阀门的编号、位置及相关管线连通情况；图中还应明确在阀门关闭后通过哪些排放阀、消火栓进行排水并对整个关阀、排水时间给予预估，以便配备相应合理的操作人员。

（7）在制定停水方案的同时亦将恢复通水方案考虑进去。恢复通水方案中应对开阀顺序、管道排气、冲洗设施（排气阀、排放阀、消火栓）及用于水质检测的消火栓予以明确，并应避免管网冲洗死角，以保障水质。

（8）停水方案中还宜根据施工方案制定必要的应急预案。尤其是在大型停水作业中须具备应急突发事件意识，提前做好应急预案，才能确保紧急情况下事件得到及时、妥善处理。

（9）停水方案制定后，管网管理部门负责在 2 个工作日内召集停水作业发起部门、营业客服部门、供水调度中心等相关部门会商，停水方案、冲洗方案经联合审议通过后报分管领导审批。

3. 停水方案的审批

（1）管径<$DN300$ 的停水作业，停水作业发起部门需提前 3 个工作日向管网管理部门提交停水申请等相关资料，供水服务部门、管网管理部门联合审批后由分管副总经理批准实施。

（2）$DN300$≤管径<$DN1000$ 的停水作业，停水时间少于 12h，停水作业发起部门需提前 5 个工作日向管网管理部门提交停水申请等相关资料，停水作业发起部门、营业客服部门、管网管理部门、供水调度中心共同商讨确定停水方案后，由公司领导审批同意后实施，同时报送市供水主管部门备案。

（3）管径≥$DN1000$ 或停水时间超过 12h，影响范围广的停水作业，停水作业发起部门需提前 10 个工作日向管网管理部门提交停水申请等相关资料，停水作业发起部门、营业客服部门、管网管理部门、供水调度中心共同制定停水方案，经公司领导审核同意后，由管网管理部门按照停水规模级别报送市供水主管部门审批后实施。

4.2.3 实施停水

（1）营业客服部门提前 48h 向受影响的用户发出停水通知。停水时间超过 12h 的，应同时制定送水方案，保障医院、敬老院、幼儿园、学校等重点单位的生活用水。

1）应急送水车的操作规程

使用应急送水车的目的是为了保证供水管道停水作业时，临时对停水范围内的居民提供日常生活用水，保障居民解决简单的日常生活用水需要。其操作规范如下：

①应急送水车及水箱必须由专人负责操作，未经授权者不得擅自对应急送水车及水箱进行使用。

②使用前必须对应急送水车的车况及水箱进行各项检查，确保其能正常使用。使用完毕后，将水箱装卸放置在指定地点。

③装卸水箱时应注意人身和水箱的安全，避免人和水箱产生意外。

④水箱顶部入水口盖板及出水管连接部使用后必须上锁，钥匙由专人负责保管。

⑤使用水箱前，必须对水箱进行清洗，经浊度仪测定符合使用条件时方可使用，使用完毕后需将水箱内存水放空，保证干燥，以免滋生细菌。

⑥水箱进水用水龙带必须专项专用，不得用于其他事务，使用完成后应晒干并盘好后放置于水箱旁边（保证水龙带自身卫生状况）。

⑦水箱在装卸过程中必须空箱装卸，不得在箱内有水的情况下进行操作。装卸过程中，叉车或吊车前端及水箱下部禁止站人，以免造成人员伤害。水箱装车后必须用钢丝绳将水箱及车辆进行固定，驾驶员对其固定检查后方可行驶。

⑧应急送水前应查阅好管网图纸或 GIS，对临时取水点进行确认，取水点使用前应进行冲洗，保证水质后（使用浊度仪进行测定）再进行取水。

⑨应急送水车在送水现场时必须由专人负责给居民接水，维持好现场秩序，防止争抢情况发生。如水箱内水使用完后，需要再次装水，要向居民做好解释工作，安放告示牌，返回取水点取水后返回送水现场。

⑩行车过程中，由于水箱内水会晃动，因此行车、转弯应缓慢，须确保车辆在安全速度下行驶。

2）应急水袋、桶装纯净水的发放

针对受停水影响的特殊人群，如独居老人、残障人士等，可根据社区居委会提供的信息，提供送水上门服务。

（2）对影响范围达到行政区应急预案规定的停水作业，宣传部门提前 3 个工作日通过广播、电视、报纸等媒体向公众发布停水通告。

（3）在实施前，宜联系高层二次供水部监控室确认停水影响范围内的二次供水用户进水管已经关闭，防止由于停水作业产生的浑水进入二次供水系统。

（4）管网管理部门提前做好阀门检查工作，配合停水作业发起部门做好排水口泄压操作，同时在停水起始时间开始后的 60min 内，关闭阀门，以确保按时向施工单位提供施工条件。

（5）对于管径≥DN500 或对水厂、区域增压站出厂水量造成较大影响的停水作业，管网管理部门应在阀门关闭、管道冲洗及开启阀门恢复正常供水业务前 20min，电话通知供水调度中心人员做好准备，并协调好现场阀门操作人员合理控制阀门开度，配合生产部门水泵机组安全运行。

（6）停水作业发起部门要制定详细的施工方案，督促施工单位备足排水泵等机械设备，确保管道排水和工程施工按计划顺利进行。

（7）针对停水中易出现的问题的处置方案

1）阀门关闭后通过消火栓、排放阀排水判断无明显停水效果。

出现此类情况，可能是由多方面原因引起的，具体包括以下几方面：大范围停水中停水管段较长导致排水时间较长；用于排水的消火栓数量较少；阀门因阀芯老化、锈蚀等原因无法完全关闭，存在少量串水；停水范围内存在不明连通管线等。在现场处理此类问题时，应冷静沉着应对：可通过加长排水时间、通过消火栓排水压力变化和阀门过水声音逐一判断来水方向、反复开关阀门等经验措施解决停水问题；若仍无法停水且最终判断为阀门失效或不明管线问题导致，亦可按应急预案在可控范围内扩大停水范围，或者取消此次停水，在完善停水方案后另行安排实施。

2）施工作业点为停水管段中较低位置的问题

此类问题在阀门状况良好的情况下，会导致施工作业点排水时间较长，进而导致延迟供水；如遇阀门存在少量串水的情况（此时消火栓或排放阀无法判断止水效果），在施工作业点将管道破口后，可能导致无法施工、无法恢复通水的严重后果。这类问题宜在停水方案、施工方案中提前考虑，如通过配备大功率排水泵车等施工措施予以解决。

4.2.4　恢复供水

（1）停水作业发起部门在实施停水作业工程时，要定时（每 2h）向供水调度中心报告工程施工进度，主要施工节点完成后要立即向供水调度中心报告。

（2）停水作业发起部门根据工程进度，通知水质检测中心。水质检测中心要在管道冲洗开始前 1h，派人赶赴施工现场，对管道冲洗过程中的水质进行现场检验，水质合格后方能通知作业人员恢复供水。

（3）恢复供水需按照阀门启闭方案顺序实施，一般先开支管，最后把大口径阀门开足。

（4）如果工程施工预期会超出预定的停水时间，必须及时上报管网管理部门。管网管理部门根据具体情况，及时通知相关部门做好各项应急准备工作。

（5）停水工程施工完毕，恢复通水后，热线中心应回访停水区域用户，确保用户端已经恢复供水，并通知管网管理部门。管网管理部门需整理本次停水的过程信息，判断停水作业是否有效，及时更新阀门及管道附属设施的使用状况，并做好相应的维护保养计划，以便在今后的停水中更好地制定停水方案，填写《恢复供水情况检查表》，由管网管理部门统一向相关部门通报销案。

4.2.5　基于 GIS 的停水管理系统的应用

供水单位宜集成已有信息化业务系统建成"智慧管网"平台（基于 GIS、MIS、SCADA 及对供水单位现有客户停水管理方式的梳理，可建立停水信息传递和共享通道），从停水管理的计划制定、停水时间管理、停水实时监控、停水范围分析、停水客户服务以及对停水的分析统计来对供水单位的停水信息进行综合管理。

计划性停水时供水管网停水关阀过程的主要操作流程如下：

（1）产生停水关阀方案

首先借助 GIS 系统，找到停水作业的管段的位置，进行"停水关阀分析"操作。在图形中点击需要进行分析的作业管段后，系统会自动分析出关闭周边相关阀门的最优方案，并且用不同的颜色来表示受此次停水关阀所影响的范围（例如通过粉红色和红色分别表示受影响管线和作业管线）。通过图形可以直观地看到停水作业的位置、需要关闭的阀门以及受影响的区域。阀门关闭人员可根据分析结果来开展相应的关阀操作。

（2）扩大关阀分析

当现场关阀操作人员发现某台阀门因损坏导致无法关闭，或者是在停水过程中遇到问题，需要进行扩大关阀操作时，就要通过"扩大关阀分析"的功能进行关阀范围扩大，操作人员可以自定义需要扩大的范围。通过集成 GIS 系统功能能够自动获取到在停水关阀过程中无法关闭的阀门，并辅助操作人员分析拓展的区域范围内需要关闭的阀门以及受影响的区域。通过集成 GIS 系统进行完整的停水关阀分析后，可以按需要生成相关的工作单并进行报表统计，以便报上级部门或者现场操作使用。系统在生成报表时会自动列出此次关阀操作的阀门编号、口径、详细地址及关闭顺序，并在受影响的范围内搜索出客户信息和联系方式，方便客服人员及时通知客户，防止对客户造成不必要的经济损失。

（3）现场问题反馈

现场进行操作时，阀门班如果发现现场操作与实际关阀情况不吻合时，需要进行问题反馈。如果是管线连接有问题，则需要及时将出错信息返回供水调度中心，提供给相应部门尽快确认修改出错管线；如果管线连接正确但阀门有问题，则需要列入维修计划，后期，现场维修人员在维修完毕后，出示维修记录给 GIS 系统管理人员进行设备档案资料更新。

（4）相关工单后期均关联 GIS 系统存档。

4.3　管网冲洗

4.3.1　一般要求

（1）供水单位应根据现行国家标准《生活饮用水卫生标准》GB 5749 对供水水质和水质检验的规定，结合本地区情况建立供水管网水质制度，对供水管网水质进行检测，并对照《城镇供水管网运行、维护及安全技术规程》CJJ 207—2013 进行管理。

（2）此处的供水管网是指城市供水单位在用市政供水管道及居民小区直供水管道，不包括施工交付前的供水管道以及居民小区内的二次供水管道。

（3）供水单位宜每年制定管网冲洗计划，对运行的供水管网进行定期冲洗。

（4）管网冲洗应避开用水高峰，一般宜安排在夜间进行。

（5）管网冲洗宜安装便携计量装置，计量冲洗水量，方便水司漏损率统计。

（6）配水管与消火栓应同时进行冲洗。

（7）用户支管可在水表周期换表时进行冲洗。

（8）高寒地区不宜在冬季进行管道冲洗。

（9）可以根据实际情况选择节水高效的冲洗新技术。

4.3.2　冲洗方案确定

1. 冲洗范围

宜将整个城市供水管网划分为若干区域，从水厂或区域增压站出口开始，至管网末梢，分片、分段进行冲洗。

在用供水管网冲洗宜按照同级口径实施，主要冲洗管道口径级差不宜过大，市政输配水干管与小区居民配水管网应分别实施冲洗。

为便于掌控冲洗水量及流速，管网冲洗范围应结合已建分区计量情况综合确定，独立 DMA 分区宜单独冲洗，以达到预期的冲洗效果。

2. 冲洗水力模型分析

冲洗过程应确保单向水流方向，应确保冲洗水流经过冲洗范围内所有管道及所有死水区，单次冲洗过程未涉及的支管区域应重新划定为新的冲洗范围。为满足冲洗过程水力参数准确，宜使用水力模型分析，合理确定冲洗范围内的水源、管道流速、泄水口位置等。

（1）参数确定

为确保冲洗效果，冲洗过程中管道流速不应小于 1.5m/s，宜大于 1.8m/s，并以本次冲洗范围内最大口径管道的流速为最低控制流速，并以此为依据计算冲洗流量；根据确认的冲洗流量计算水厂出水泵房或区域增压站水泵运行参数，以确保冲洗范围内管道流速、压力满足冲洗要求。

冲洗持续时间根据供水管网实际冲洗效果确定，应以泄水口水质满足现行国家标准《生活饮用水卫生标准》GB 5749 为结束时间。供水单位可根据历次冲洗效果总结不同管材、管龄下管网冲洗时长的经验值，方便模型计算及现场控制。

（2）建模拟合

将冲洗过程中管网、泵站参数载入水力模型进行校核，确认冲洗过程对供水管网的影响，以此评估冲洗范围和冲洗时间的合理性。可以选用多参数、多排放方案模型拟合。

（3）确定冲洗方案

根据几种方案的拟合结果，选择流速高、排放操作量少的冲洗方案，有条件的水司还可以配合增压站用电最省来优选。

4.3.3　冲洗方案实施

1. 冲洗前准备工作

（1）根据冲洗方案提前对冲洗区域内涉及的阀门、排放口、消火栓等管网设（备）施进行复查核实。对于损坏、缺失的设（备）施需及时进行修复。

（2）按相关规定办理管网冲洗审批手续。

（3）宜在管网冲洗前三日进行冲洗区域的停水降压通知，在该区域内醒目处张贴管网冲洗通知书，并通过报纸、网站、手机短信推送等其他方式告知用户。

2. 实施管网冲洗

（1）根据冲洗方案关闭相应阀门，使冲洗区域内的管网水流单向流动。

（2）冲洗时，排水设（备）施宜从管网下游开始逆水流方向依次打开。

（3）通过打开消火栓的数量和排放口的大小及个数，控制管道内水流流速在 1.5m/s 以上。

（4）宜先对冲洗区域内的市政供水管网进行冲洗，水质达标后，再对该区域内的小区供水管网进行冲洗。

（5）管网冲洗时需做好相应的安全围护、夜间警示标志等措施，保证夜间管网冲洗的安全性。

（6）消火栓排放需接消防带排入雨水井，建议使用 DN100 出水口；地埋滤水器排放宜采用专用排放装置，并接消防带排入雨水井。

（7）待本次冲洗范围末梢管网排放口的水质达标后，便可关闭排放口，结束冲洗，根据冲洗方案的阀门启闭步骤，依次缓慢开启关闭的阀门。

（8）宜做好管网冲洗现场记录表。

3. 水质化验

水质检测部门应对管网冲洗前后的水样进行浊度和余氯检测并记录，确保供水管网水质符合国家要求，现场宜使用便携式检测设备。

（1）浊度

管网冲洗后水质浊度宜≤1NTU。

（2）余氯

管网冲洗后水质余氯宜≥0.05mg/L。

（3）其他项

建议冲洗达标后取水样留存，送回水质检测实验室进一步检测，检测指标见表 4-8。

水质化验检测指标

表 4-8

序号	项目	标准限值
1	菌落总数(CFU/mL)	100
2	总大肠菌群(MPN/100mL 或 CFU/100mL)	不得检出
3	耐热大肠菌群(MPN/100mL 或 CFU/100mL)	不得检出
4	色	<10
5	臭和味	无异臭、异味
6	肉眼可见物	无
7	pH	6.5~8.5

4.3.4　方案实施纠偏

1. 不合格水质分析

冲洗过程中水质一直不达标，超过计划冲洗时间。

应分析来水管道的水质是否达标、压力是否达到需求、中间是否有阀门没有开足导致管道过水能力不够。

2. 修改冲洗方案

对于来水水质不合格的情况，应暂停冲洗，修改冲洗方案，先行冲洗上游管网。

对于以灰口铸铁管和镀锌管为主的管网区域，建议采用柔性冲洗手段，降低冲洗流速，增加冲洗频次，保障用户水质。

3. 纠偏

对于冲洗时压力没有达到要求的，应及时联系增压站提升供水压力。

对于有中间阀门没有开足的，应及时开足，万一老旧阀门失效，还需抢修更换。

4. 效果评估

管网冲洗效果评估可以从以下几方面进行判断。

（1）水质是否达到预定要求

浊度、余氯、色度是否得到改善，每次达到符合预定水质目标所需的冲洗时间是否缩短，如果没有达到既定目标，那么情况是好转了还是变得更差了。

（2）成本效益分析

估算冲洗成本，如水费、劳动力费用、动力费、设备费、处置费、宣传费等，折算成冲洗每个片区管网的成本，甚至是每根管道的成本，积累一定数据后可以进行成本分析，争取进一步降低冲洗费用。

（3）冲洗带来的影响

对于冲洗带来的影响，应从改善供水管网水质、提升用户用水体验、减少用户投诉方面进行分析，并避免冲洗强度过大，影响管道内部保护层。

4.3.5　管网冲洗案例

1. 常武联供管网冲洗方案（武进来水，常规冲洗）

时间/地点：2020 年 1 月，常州。

2020 年 2 月初常州水司的第二大水厂——魏村水厂，将停产检修，水司决定分别从长江路及兰陵路常武连通管网处引入武进水司自来水以缓解市区及西部区域用水缺额。为应对此次引入武进自来水，由于管道流向改变而可能引起的水质波动情况制定并实施了如下区域管网冲洗方案（单向流水冲洗），如图 4-7 所示：

于 2020 年 1 月 20 日 22：00，冲洗长江南路常武连通管网 $DN600$ 管和兰陵路 $DN500$ 管，同时在各排放口附近的消火栓处设置水质监测点，由水质检测中心的技术人员对冲洗前后的水样进行化验。

武进来水的控制阀门由江河港务（常州）有限公司相关人员操作。冲洗水量由流量仪记录核算。

22：00 长江南路，在引入武进自来水前关闭新城长岛花园（童家浜桥）北侧 $DN500$ 阀门，22：15 左右通知武进水司开启来水阀门，利用童家浜桥南侧 1 号排放口排放连通管

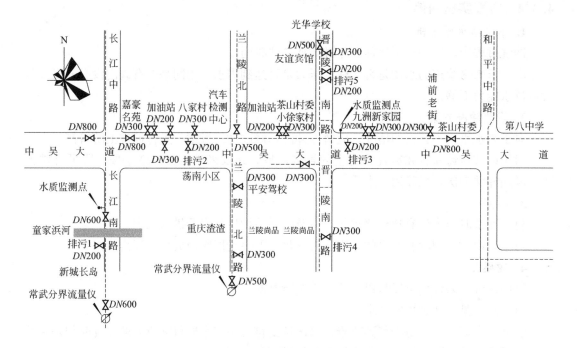

图 4-7　冲洗区域及阀门启闭图

内的死水。

22:00 兰陵路，在引入武进自来水前关闭中吴大道（长江路—和平路）两端的 $DN800$ 阀门，关闭中吴大道兰陵路、晋陵路路口北侧 $DN500$ 阀门，关闭沿线小区及用户集中区域的支线进水阀门。约 23：30，通知武进水司开启来水阀门，引入武进自来水后开启该区域内 4 处排放口进行排放，利用高流速冲洗兰陵路 $DN500$ 连通管。

待该区域内 4 处水质监测点的水质达标后关闭兰陵路来水阀门，再开启长江南路中吴大道路口向东 $DN800$ 阀门，利用 5 处排放口高流速冲洗长江南路 $DN600$ 连通管。

同样，待该区域内 5 处水质监测点的水质达标后关闭长江南路来水阀门，开启沿线支线阀门，并利用小区及用户集中区域内的消火栓和排放口对支线管网进行冲洗，待水质达标后结束冲洗。冲洗过程中，通过流量仪监测，流速达到 1.5m/s。

从冲洗前后 5 个水质监测点水样的水质记录（见表 4-9）可见，管道经冲洗后各项水质指标均有改善，特别是浊度和细菌指标有显著降低。

管网冲洗水质监测点数据分析　　　　表 4-9

项目		水质监测点				
		1	2	3	4	5
浊度 （NTU）	冲洗前	1.8	1.4	1.2	1.5	1.9
	冲洗后	0.48	0.45	0.37	0.42	0.44
余氯 （mg/L）	冲洗前	0.15	0.2	0.2	0.2	0.1
	冲洗后	0.2	0.3	0.3	0.3	0.2

项目		水质监测点				
		1	2	3	4	5
色度 （倍）	冲洗前	9	8	7	8	9
	冲洗后	4	3	2	3	4
细菌总数 （个/L）	冲洗前	189	118	111	126	178
	冲洗后	38	25	21	27	33
大肠菌群 （个/L）	冲洗前	4	1	0	2	3
	冲洗后	0	0	0	0	0

2. 气水脉冲清洗技术运用案例

时间/地点：2014 年，天津。

天津 A 水厂至 B 水厂之间有一根 DN800 原水管道（钢管，混凝土内衬），长 11.6km，由于服役多年，管道内部存在各种杂质。由于该管道距离长、管径大又途经市区，用单纯水冲洗方案困难比较大，所以考虑采用省时、省水又节能的气水脉冲清洗技术。

气水脉冲清洗技术以压缩空气为动力源，以水为清洗介质，压缩空气通过脉冲形式与水混合，在管道内形成很强的喷射力和多频振荡波，从而达到清洗目的。该技术之所以能够产生强大的管道清洗作用并受到关注，主要原因有以下 4 点：

（1）脉冲理论。脉冲在瞬间集中释放巨大能量，形成沿管壁方向的切向力，而且水流紊动越强，水流的切应力越大；从而在管道内形成巨大的冲量，在生长环上产生冲击和气蚀效应。

（2）三相流理论。当集中水流、大量空气和被冲落的固体污垢颗粒三相混合时，流体质量增大，产生强大的冲击力，共同作用于管壁附着物。

（3）局部水击理论。在气水混合条件下，利用空气的可压缩性，使管道中的水流速度发生变化，形成局部水击，对局部坚硬垢的去除起重要作用。

（4）水气弹状流理论。当脉冲集中释放时气流迅速转化为冲量，在管道内形成弹状流，对去除管壁内的附着物和沉积物产生巨大作用力，达到清除目的。

该 DN800 管道划分为 3 个工作段实施冲洗，冲洗工作段分段如图 4-8 所示。

冲洗效果分析：

在排水口处设置取样点，在开始冲洗后每 5 min 测定 1 次出水浊度，直到浊度达到 1NTU 以下。三段管道中的水质浊度在管道清洗约 30min 后达到峰值，分别为 78.7NTU、19.0NTU 和 21.7NTU，而在之后的 1h 内急剧下降，此后平稳降低。当冲洗结束后，三段管道中的水质浊度分别为 0.78NTU、0.68NTU 和 0.66NTU。分析原因是输送的净水本身浊度不高，因此 30min 左右气水脉冲发生作用之后，紊流加剧将管道内的各种杂质冲洗出来，因此导致浊度变大，而随着冲洗时间的增加，管道内污垢不断被清除，因此浊度急剧下降，冲洗结束后，浊度符合《生活饮用水卫生标准》GB 5749—2006 的规定，达到了理想的冲洗效果。

如果采用单向流法冲洗，DN800 管道耗水量是较大的，单向流法与气水脉冲法的对

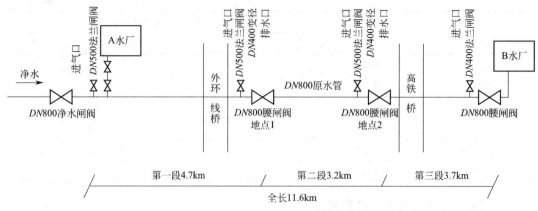

图 4-8　冲洗工作段分段示意图

比见表 4-10。

不同管道冲洗方法效果对比分析　　　　　表 4-10

冲洗方法	管道距离(km)	冲洗时间(h)	耗水量(m³)
单向流法	12	36	64800
气水脉冲法	12	12	7706

　　气水脉冲法适用于对原水管道、工业水管道的冲洗，在自来水管道方面适用于对球墨铸铁管、混凝土管、非金属管的冲洗，主要需注意人造水击强度对接口的影响。但用于自来水金属管道尚需考量，尤其是铸铁管、钢管内锈瘤破碎后厌氧菌对水质的影响值得深入研究。

第5章

供水管网维护管理

近些年来，随着城市现代化水平的快速发展，供水管网的建设也在不断加快，这就造就了更加巨大的供水管网系统，城市水厂出厂水经过庞大的供水管网系统后水质受到不同程度的二次污染，造成用户龙头水存在水质不达标的风险。因此，城市供水管网及其附属设施的管理和维护显得尤为重要。

我国传统的供水设施维护管理理念并未完全改变"先爆管，后维修"的模式，管理相对被动。但随着时代的进步，社会各项事业发展日趋科学合理，这种理念已经与现代城市供水管理中的"事前控制，维抢修工作前移"的维护管理理念不相符合，而城市供水管理理念更应把重点放在管线巡检制度化、管道抢修计划与实施协调化、阀门及阀门井维护常态化等综合性管理方面。供水管网的水质管理必须把维护管理作为重中之重，有很多的供水管网水质事故就是因为缺乏日常维护管理，缺少维护力度，没有提前将事故防患于未然。

管网巡查是加强供水管网运行维护管理的一项日常工作，是针对管网设施加大现场管理力度、预防管道故障引起水质问题的积极措施，是保障供水管网水质稳定运行的捍卫者。阀门及阀门井维护保养，可以保证阀门处于良好的状态，在供水管网发生故障时，通过阀门启闭，使损坏的管段迅速从供水管网中隔离开，以确保供水管网其余部分维持正常运行和水质不受污染。

供水管道受外力破坏或自然老化爆管时常发生，停水管网抢修是供水管网维护管理中水质风险概率相对较高的业务。管道破损后，抢修过程中脏水流入管道内，如恢复供水时排放不充分，会造成水质事故；管道维抢修常涉及停水，流态的改变极易导致管道沉淀物和生物膜脱落，存在很大的水质风险。要想保证管网抢修工作的顺利进行，就要求抢修单位科学地管理，不断在实践中反复摸索，积累经验，总结出一套符合本地、科学合理、可操作性强的管理制度和方法，使抢修工作达到高质量、低成本、短时间的目标，同时避免发生水质事故。

城市供水管网的日常管理与维护在现代化城市建设中的地位尤为重要，随着城市人口的不断增加，城市范围的不断扩大，人们对水的需求更为明显和迫切。因此，对城市供水管网的有效管理和维护，不仅能够保证城市供水管网的安全运行，减少管道爆破事故的发生，而且也能为城市供水单位带来良好的经济效益和社会效益。

5.1　管网巡查

管网巡查是指通过路面设施巡视和揭盖检查等判断供水管网及其附属设施是否完好，是否存在破坏供水管网或影响供水管网水质的风险隐患、有无违章（法）用水及危害供水管网的行为，并对问题处理进展及结果进行跟踪。管网巡查能及时发现与处理供水管网及其附属设施运行中存在的各类问题，制止或预防各类影响供水管网安全运行的事故发生，确保供水设施完好，保障供水管网水质安全。

5.1.1　管网巡查工作内容

供水管网日常管理，应积极主动地开展对现有供水管网的日常巡查工作，查禁和处理"占、压、圈、埋"等一切危害供水管网运行安全、污染供水管网水质的违章、违法行为，及时发现与处理供水管网及其附属设施运行中存在的问题。为确保供水管网水质稳定运行，管网巡查工作主要包括管网水质巡检、管道巡查、管网附属设施巡查。

1. 管网水质巡检

管网水质巡检作为供水管网在线水质监测的补充，可对检测区域供水管网水质是否稳定做出初步直接判定，是管网巡查工作内容中最重要的内容之一。管网水质巡检可采用设置固定人工检测点和随机抽查供水管网水质检测点相结合的巡检方式，检测浊度、余氯、pH、嗅味等主要指标，确保及时掌握供水管网水质运行状况，具体内容主要有以下几个方面：

（1）供水管网水质监测点的定期巡检，关注水质变化。供水管网水质采样点的设置，供水服务区人口20万～100万人时，按照每2万人设一个点计算，供水服务区人口不足20万人时，可酌量增加，100万人以上可酌量减少，其中管网末梢水采样点比例不低于30%，对水质要求较高的重点用户可增加设置采样点。

（2）当原水水质变化时重点关注供水管网水质变化情况，重点监测水质发黄及嗅味等水质变化；并增加管网水质巡检频次。

2. 管道巡查

管道运行安全直接关系到供水水质安全，如管道周边污染源、破坏管道风险点、地面塌陷风险点、管道明漏、管道暗漏、管道爆管点、明装管道防腐等，直接影响到供水管道水质，需通过加强管道巡查以确保管道水质安全运行。

（1）管道周边环境及污染源巡查

管道巡查应对供水管网周边环境、污染源等进行巡查。周边环境巡查，重点查看供水管网周围的地理环境有无明显变化，管道安全保护距离内不应有根深植物，管道上堆压物体应符合管道承受的安全要求等；污染源巡查重点关注排放生活污水和工业废水、排放或堆放有毒有害物质等危害水质安全的污染源。管道巡查过程中，应对垃圾填埋场、垃圾处理站、垃圾堆场、公共厕所、化粪池、污水处理厂、工业废除处理站、重点排水户等建立巡查台账并重点巡查。

（2）地面塌陷风险点巡查

管道巡查应对供水管网沿线地面塌陷风险点进行巡查。地面塌陷点可与城管等相关政府部门建立数据对接，并在巡查中做好台账记录。地面塌陷主要有四种状况，一是原供水管网施工回填质量不好或者密封性不好渗水而导致的管道、路面塌陷；二是供水管网沿线地质情况较差，易产生地面塌陷而影响供水管网安全；三是供水管网沿线地下排水设施状况不佳，如雨污混流、排水管破裂、接口渗漏等情况导致地面塌陷；四是大型施工工地的基坑工程降水、土方开挖与桩基础等施工也会导致路面塌陷，影响供水管道安全。对于施工质量问题，需及时反馈原施工单位进行整改；对于地质问题，应加大滑坡、边坡等地质状况不好的位置的巡查频率；对于沿线排水问题突出的地方，应重点巡查排水渠、暗涵、大型排水管道等处的供水管网及设施；对于大型施工工地，应对工地沉降、位移及震动等进行监测。

（3）管道明漏、暗漏、爆管点巡查

管道巡查应对供水管网沿线的明漏、暗漏、爆管点进行巡查，对有引起管道渗漏的风险点进行巡查。管道明漏及暗漏点可通过日常维抢修、探漏、巡查等建立台账，并对漏点密度高、相对集中的路段，在制定管网巡查任务时重点巡查。

（4）明敷管道、架空管道巡查

管道巡查应对供水管网明敷管道、架空管道锈蚀情况及支座、吊环等的完好情况等进行巡查。明敷供水管道主要有临时沿路面明敷、沿桥面明敷等基本形式，架空供水管道主要有平直架空及圆弧形架空两种基本形式，明敷管道、架空管道主要采用材质为钢管。管道巡查时重点查看明敷管道、架空管道镇墩、支座破损、位移情况，管道刷漆、防腐情况等。

（5）管道其他巡查

管道其他巡查主要指对间接影响供水管网水质稳定运行的要素的巡查，如对工地、违章用水等其他一切影响供水管网安全运行、危害供水水质安全稳定运行的设施、设备、问题、行为等进行巡查，还应对医院、学校、政府办公楼、重点企事业单位的供水管网设施、设备等进行分级、独立巡查。

1）工地巡查

管道巡查应对供水管网周围环境变化情况和影响供水管网及其附属设施安全的施工活动进行巡查。

工地应按照"一工地一档"的要求建档管理，每个工地应明确具体巡查责任人，工地巡查频率应根据施工工地对供水管网影响的大小来确定，且宜根据不同的施工阶段及时进行调整。

工地巡查应在首次巡查时与对方签订供水管网保护协议，并现场安插标示牌。对不同作业范围、作业性质的施工工地，应对其进行风险影响等级划分，并以此确定巡查频次、制定巡查任务。

2）违章用水巡查

管道巡查应对违章用水进行巡查，重点关注个人、公司及工地偷盗水行为，严查违章消防用水。工地违章用水及消火栓违章用水为日常巡查管理过程中较常见的违章用水行为，其中工地违章用水受工地环境影响、工地性质影响等对水质安全稳定运行造成最大隐患，并且违章用水对阀门、室外消火栓等供水设施的操作不规范，极易引起管网设施、设备损坏，造成水质的二次污染。

3. 管网附属设施巡查

管网附属设施通过直接或间接方式与管道相连，亦通过直接或间接方式影响供水管网水质。管网附属设施巡查主要包括对阀门及阀门井、室外消火栓、水表井、流量计、水质水压监测点、管道牺牲阳极测试桩等进行巡查。

（1）阀门及阀门井巡查

管网附属设施巡查应对供水管网各类阀门及阀门井等的损坏和"圈、压、占、埋"等情况进行巡查。阀门作为供水系统的重要附属设施，与水直接接触，阀门的开启状态、锈蚀状况等直接影响供水水质；阀门井的卫生状况、有无污染源、积水状况等也间接影响着供水管网水质，因此对阀门及阀门井的巡查直接关系到供水管网的水质稳定运行。供水阀门主要有高低压分区控制阀、供水控制阀、排泥阀、排气阀等几种主要形式，各类阀门应分别建立单独的巡查台账，其中高低压分区控制阀、排泥阀、排气阀等开启度状态应重点巡查。阀门井根据井深度、积水深度、造成危害的严重程度等进行分级管理、分级巡查，等级高的应重点巡查，其中还应对排泥阀井及其湿井的状态进行多频次巡查。

（2）室外消火栓及其配套设施巡查

管网附属设施巡查应对所有室外消火栓及其配套设施进行周期性巡查及排放。室外消火栓作为供水管网系统数量较多的附属设施，且由于消火栓结构及安装的特殊性，存在局部水力停留时间过长的管段，因此对消火栓的周期性巡查及排放，直接关系到供水管网水质。室外消火栓巡查应做好巡查计划，并将外观巡查与消火栓排放巡查做分级巡查。消火栓外观巡查重点关注消火栓状态是否完好、消火栓控制阀及阀门井状态是否完好及消火栓标识牌、周边环境、是否存在"圈、压、占、埋"等情况；消火栓排放巡查主要检查消火栓控制阀是否完全打开、是否有水并记录水压数据、检测水质等。

（3）水表井、明装表组、分区流量计、远传水表等巡查

管网附属设施巡查应对水表井及其表组、明装表组、分区流量计、远传水表等进行巡查。水表空转、倒转，分区流量计总分表差数据异常等，都会直接影响主供水管网水质，因此对水表及分区流量计等附属设施进行巡查是十分必要的。表组通常包括控制阀、泄水阀、压力表、水表等设施，表组状态是否完好、是否漏水、是否空转、倒转，表井是否泡在水中等直接威胁供水管网水质安全。分区流量计、远传水表等是计量供水漏耗分析的重要工具，管网附属设施巡查应对流量计、远传水表等进行线上、线下对比巡查，确保计量设施安全、稳定、准确。

（4）供水管网在线水质、水压监测点巡查

管网附属设施巡查应对供水管网在线水质、水压监测点进行巡查。在线水质、水压监测点巡查包括对监测点设施物理状态、是否缺损、电源连接情况、周边环境状况等进行查看，并对监测数据进行记录、分析，特别是对监测点异常数据进行核查，并采用现场校对等多种方式进行核准。

供水管网在线水质监测点还应根据水质出现异常的可能性、影响程度等对监测点进行分级巡查管理，并符合下列规定：

1）一级监测点每天巡查不应少于一次，二级监测点每周巡查不应少于两次，三级监测点每周巡查不应少于一次；

2）当出现集中水质投诉时，除应提高投诉区域水质检测的频率外，还应加强对水质

投诉区域周边检测点的水质检测，并查明原因，从源头解决问题；

3）重要、大型活动等特殊时期，应加大相关区域水质检测频次。

（5）井盖、标志装置、牺牲阳极测试桩等巡查

管网附属设施巡查应查明井盖、标志装置、牺牲阳极测试桩等管网附件有无丢失或损坏等现象。供水管井井盖缺失、破损、标识不清等应及时巡查到位并做好维修、更换台账记录；管道标志装置巡查应根据管网 GIS 信息进行核对，标志装置缺失或信息不匹配均应做好记录及时更正；管道牺牲阳极测试桩是避免管道过快腐蚀、延长管道寿命、确保水质稳定运行的重要防护设施，管网附属设施巡查应重点查看。

5.1.2　管网巡查方式及要求

1. 管网巡查制度建立

为了加强管网巡查管理，及时发现与处理供水管网及其附属设施运行中存在的问题，预防各类影响供水管网安全运行的事故发生，确保供水设施完好与安全运行，确保供水管网水质安全，首先应制定管网巡查管理制度。管网巡查制度应包括巡查区域范围、巡查内容、职责划分、巡查频次等相关要求内容。同时为做好管网巡查工作，巡查管理还应结合管网维抢修管理、探漏管理、阀门及消火栓等附属设施管理、在线水质水压管理等相关管理制度要求。

2. 管网巡查队伍

应组建专业队伍对供水管网进行巡查，应加强对管网巡查人员的业务培训，并建立培训档案。通过培训，管网巡查人员应具备以下技能：

（1）了解供水管网运行基本原理、功能，能够识别不同管网及其附属设施。

（2）熟悉供水管网的空间位置、走向及关键点的分布情况，掌握关键点的巡查要点。

（3）掌握识图、制图的基础知识。

（4）掌握管网维护信息系统的使用方法。

（5）熟练掌握"发现、核实、记录、处理、告知与报告"等各环节工作的具体要求和操作方法。

3. 网格化巡查

管网巡查应根据辖区管网供水特点建立网格，采用网格化巡查方式巡查，实行片区"巡查责任田"，责任到人。以网格为单位，建立网格内所有供水管网、附属设施、在线设施、工地等巡查台账，并掌握网格内物业处、村委会、工业园区、企事业单位等的联系方式，与社区网格化管理相对应，方便及时发现并解决问题。网格的建立可依据街道、社区等行政区划确立，亦可根据供水范围、高低压分区、DMA 分区等确立。

4. 巡查工具

巡查人员进行管网巡查时，宜采用步行或骑自行车进行巡查，在地广人稀的城镇可采用机动车或电动车巡查。巡查工具以方便、快捷、高效为原则选取。

5. 巡查分级与频次

遵循"网格划片、分级管理、责任明晰"的原则，巡查宜采用周期性分区巡查的方式。应对管辖区域内的路段根据供水管网现状、重要程度、供水对象及周边环境等因素进行分级管理。一般根据安全性、重要性及周边环境情况等将供水管网所处路段分为三级，各级路段巡查应符合下列规定：

（1）一级路段每天巡查不应少于一次，二级路段每周巡查不应少于两次，三级路段每周巡查不应少于一次；

（2）当爆管频率高或出现影响管道安全运行等情况时，应提高巡查频率或实施24h监测；

（3）重要、大型活动等特殊时期，各级路段均宜加大巡查频次。

管网巡查周期各地供水单位可结合单位自身规模、管网特点、管网的重要性及城市建设的现状等情况来合理制定，巡查周期越短越有利于管道的安全运行，通常情况下对一般管网巡查周期不应大于5～7d，对重要管段巡查周期以1～2d为宜。对于高危管段、管网周边出现施工工地或其他影响管道安全运行的建设活动时，巡查周期应缩短，必要时巡查任务转交专职部门，对该管段现场进行24h监管。

6. 巡查任务制定

在管网巡查工作开始前，应制定相应的巡查任务，以提高管网巡查工作的目的性和效率。管网巡查任务可分为"综合巡查任务""专项巡查任务"及"应急巡查任务"，实际管网巡查管理工作可三者相互结合、相互补充安排。

（1）综合巡查任务包括网格范围内的一切供水设施的巡查，包括供水管网、附属设施、在线设备、工地、违章用水等一切与供水管网相关的巡查任务。综合巡查主要是对供水管网及其附属设施及周边环境等进行外观巡查，重点要求巡查到位率。

（2）专项巡查任务指为单项巡查内容制定的巡查任务，比如室外消火栓巡查任务、阀门巡查任务、工地巡查任务、在线设施巡查任务等。专项巡查需对供水管网及其附属设施等进行深度巡查，如对消火栓排放、井盖开启、阀门状态、工地签订保护协议等进行深入巡查，重点要求精细化。

（3）应急巡查任务指为某特定区域、特别事件制定的应急巡查任务，如对重点保护区域的应急巡查、对安全保障的应急排查、对大型活动的应急巡查等。

7. 隐患上报与问题处理

巡查人员应对管网巡查过程中发现的隐患及问题及时处理、上报，并跟踪落实。管理单位应记录巡查人员报告或投诉反映的各种供水管网运行中存在的问题及其处理完成情况，并调配巡查、探漏、维抢修、执法等各种资源对发现的问题进行及时处理。

隐患上报及问题处理主要分以下几种类别：

（1）在管网巡查过程中如果发现有影响供水管网及其附属设施安全隐患的施工情况，巡查人员应立即下发告知函，并根据影响程度决定是否要求停止作业；在向施工单位说明下面有供水管网及其附属设施的同时应做好记录和取证工作，并逐级上报；报告内容应包括影响供水管网及其附属设施安全的施工单位或个人、时间及地点。

（2）在管网巡查过程中如果发现明漏、暗漏、地面塌陷等情况，巡查人员应及时报告相关探漏、维抢修等部门或单位进行处理，并做好信息录入，跟踪处理结果。

（3）在管网巡查过程中如果发现供水井盖、消火栓、阀门、水质水压监测点、流量计、水表等供水设施缺失、损坏及"圈、压、占、埋"等情况，巡查人员应及时报告管理单位并做好信息录入。处理时应进行分类，联系相应负责单位，进行更换、维修及移除等处理。

8. 管网巡查档案管理

管网巡查档案管理应电子化、信息化、系统化，巡查档案信息应包括每日巡查路线、巡查内容、巡查发现的问题及处理结果等，并按要求及时录入相关信息管理系统。电子档案的保管期限为 5 年，纸质档案的保管期限为 3 年。

9. 监督与考核

管网巡查应明确巡查管理工作的监督考核管理部门。管理部门负责制定管网巡查管理规章制度和考核标准，负责对辖区内的管网巡查工作进行指导、监督及考核。巡查人员的主要职责是"发现、核实、处理、记录、告知与报告"。发现是指及时发现问题；核实是指及时核实投诉情况及整改完成情况；处理是指现场处理力所能及的问题；记录是指做好相关巡查及处理记录；告知是指当发现危及供水管网安全的活动时，应制止危害活动的进一步发展，并告知当事人现场供水管网情况及相关手续办理程序；报告是指当巡查人员发现无法解决现场问题时，应在第一时间向上一级领导报告。

10. 管网巡查工作流程

管网巡查工作流程主要分为制定标准、制定方案、下发任务、现场巡查、发现问题、处理问题、复查、资料归档、考核等环节，工作流程详细说明见表 5-1。

管网巡查工作流程　　　　　　　　　　　　　　　　　　表 5-1

编号	巡查工作分类	活动名称	执行角色	活动内容及标准	输出
01	制定标准	制定巡查管理标准	监督考核管理部门	根据管网巡查工作的目的和性质制定巡查管理标准,具体要求为: 1. 明确管网巡查工作的目标、工作内容及标准; 2. 划分管网巡查工作管理权限及职责	管网巡查管理制度、标准
02	制定方案	制定管网巡查方案	管网巡查执行部门	根据管网巡查工作管理标准和具体情况制定管网巡查方案,具体要求为: 1. 界定管网巡查范围、划分管网巡查路线,确定重点巡查区域; 2. 明确巡查方式、周期;确定管网巡查工作内容及标准; 3. 明确管网巡查工作监督机制	管网巡查方案
03		审定方案	监督考核管理部门	审定方案的合理性、可操作性、是否达到管网巡查工作管理标准	
04		备案	监督考核管理部门	备案执行部门管网巡查方案	
05	下发任务	综合巡查任务制定	管网巡查执行部门	综合巡查任务包括供水管网、附属设施、在线设备、工地、违章用水等,属于日常综合巡查范畴	
06		专项巡查任务制定	管网巡查执行部门	专项巡查任务主要有: 1. 室外消火栓巡查、排放任务; 2. 阀门巡查任务; 3. 工地巡查任务; 4. 在线设施巡查任务等	

续表

编号	巡查工作分类	活动名称	执行角色	活动内容及标准	输出
07	下发任务	应急巡查任务制定	管网巡查执行部门	应急巡查任务主要有： 1. 重点保护区域应急巡查； 2. 安全保障应急排查； 3. 大型活动应急巡查等	
08		安排工作	管网巡查执行部门	根据巡查工作方案、任务和人员配备情况安排巡查工作	
09	现场巡查	日常巡查	巡查班（组）	按照制定的管网巡查方案、任务进行巡查供水管网、附属设施、工地、违章用水等	
10		水质巡检	巡查班（组）	按照制定的管网水质巡检计划巡检，携带浊度仪、余氯仪在水质取样点处取样检测浊度和余氯两项指标；根据现场情况判断是否存在问题，如部件缺失、卫生环境恶化等问题	《管网水质巡检结果记录表》
11		水质监测取样	水质检测中心	在水质取样点处取样检测所需要的检测项目，如浊度、余氯等；根据现场情况判断是否存在问题，如部件缺失、卫生环境恶化等问题	
12	发现问题	01：发现异常事件	巡查班（组）	在巡查过程中发现如下异常问题： 爆管、地面塌陷、漏水、设备缺失、违章用水、违章施工等。 对于无法自行处理的问题按相关规定及时上报给直接领导，可自行处理的及时处理	
13		02：发现工地	巡查班（组）	在巡查工作中发现新施工工地，进入工地巡查	
14		03：违章用水	巡查班（组）	在平时巡查工作中发现违章用水事件	
15		04：水质问题	水质检测中心	了解详细情况，分析原因，属于重大事项的及时上报，属于维修处理的及时派单	
16	处理问题	01：自行处理；巡查派工	巡查班（组）	1. 对于发现的异常问题，若现场巡查人员可自行处理，则对其进行处理，如供水设施缺少小部件等问题； 2. 若现场不能处理，可通过填写《巡查工作记录单》或管网运维系统进行派单处理	
17		02：核查管网信息；插牌；发现问题取证；发告知函；交涉；收缴赔偿费等	巡查班（组）	1. 核查施工区域及周边是否有供水设施，若不涉及供水设施，则做好相关记录； 2. 为了警示工地施工破坏供水设施，在供水设施上方安装"告示牌"，告示牌上应印有"供水设施 注意保护"字样； 3. 在工地巡查核查管网信息期间，对于危害供水设施的安全隐患和已发生的破坏问题要能及时发现并拍照取证； 4. 向对方签发《告知函》并留存"告知函存根"，对于有破坏供水设施的情况需要求对方赔偿，并填写《违章用水/施工处理通知单》，如果对方拒绝赔偿应向管网运营部门负责人上报； 5. 对于破坏供水设施的工地，与其负责人交涉赔偿事宜； 6. 根据对供水设施破坏造成的损失，收取赔偿费用	

续表

编号	巡查工作分类	活动名称	执行角色	活动内容及标准	输出
18	处理问题	03:取证；交涉；开具书面处理意见；收缴费用	巡查班（组）	1. 为了尽可能遏制偷盗水行为,以及挽回公司损失,取证时要拍照或录像并核查如下信息: (1)核查肇事者身份、偷盗水用途(饮用、商用、公共绿化等); (2)核查偷盗用水量,充分证明偷盗行为,以防肇事者恶意否认; 2. 跟违章用水肇事者交涉偷盗用水行为事项,包括: (1)责令立即停止偷盗行为; (2)通知偷盗水量及其赔偿事宜; (3)如有损坏管网设施的,应要求其出资修复; 3. 向违章用水肇事者开具《违章用水/施工处理通知单》,应包含偷盗水量; 4. 依据《违章用水/施工处理通知单》和《城市供水条例》收缴肇事者费用	
19		04:分析处理	水质检测中心	了解详细情况,分析原因,属于重大事项的及时上报,属于是维修处理的参照异常事件进行处理	
20	复查	异常事件、工地、违章用水、水质复查	巡查班（组）、水质检测中心	问题处理解决后,要在下一个巡查周期内进行复查,复查其是否满足供水管网相关管理规定,对于影响水质稳定运行的问题点,要提高巡查频率重点巡查	
21	资料归档	记录工作台账	巡查班（组）	如实填写《巡查工作记录单》及相关所需资料	巡查工作记录单
22		资料归档	资料管理员	根据资料性质分类整理归档	
23	考核	抽查	一线管网运营部门	定期及时抽查巡查现场,监督巡查工作质量;对于巡查不到位、投机取巧的行为要及时指正,列入考核依据	
24		考核评价	管网管理部门	按照《管网系统考核实施细则》对一线管网运营部门进行业务考核评价,并将考核结果给予公示	管网系统考核实施细则

5.1.3　管网巡查案例

1. 深圳市龙华区供水管网巡查工作简介

深圳市龙华区为深圳市 2014 年成立的新区,龙华区供水管网管理工作为深圳市水务(集团)有限公司下属二级企业深圳市深水龙华水务有限公司管辖,本手册选用的供水管网巡查工作案例即采用该公司的供水管网巡查工作管理模式。

2. 深圳市深水龙华水务有限公司供水管网巡查工作案例

深圳市深水龙华水务有限公司(以下简称"深水龙华")供水管网巡查采用网格化的

巡查工作模式，深水龙华的供水管网巡查主要分以下几大模块：巡查制度、巡查人员、巡查方式、信息化管理、监督考核等。

（1）巡查制度

深水龙华供水管网巡查制度主要是《深圳市深水龙华水务有限公司供水排水管网巡查管理规定》，同时参照执行《深圳市水务（集团）有限公司管网巡查管理规定》。

（2）巡查人员

深水龙华下属3家分公司分别为观澜分公司、龙华分公司、布龙分公司，所有巡查人员隶属于这3家分公司管网部管理。其中观澜分公司管辖范围划分为3个大网格片区，每个大网格又划分为两个小网格，每个小网格配备2名巡查人员，每个大网格配备1名班组长，总计12名巡查人员，3名班组长；龙华分公司管辖范围划分为2个大网格片区，每个大网格又划分为3个小网格，每个小网格配备2名巡查人员，每个大网格配备1名班组长，总计12名巡查人员，2名班组长；布龙分公司管辖范围较小，仅1个大网格片区，大网格又划分了3个小网格，每个小网格配备3名巡查人员，大网格配备1名班组长，总计9名巡查人员，1名班组长。

（3）巡查方式

深水龙华供水管网巡查主要采用网格化巡查方式，根据其下属观澜分公司、龙华分公司、布龙分公司3个分公司，结合龙华区行政划分的观澜街道、观湖街道、福城街道、龙华街道、大浪街道、民治街道6个街道，将整个片区划分为6个大网格片区，其中观澜分公司3个大网格片区、龙华分公司2个大网格片区、布龙分公司1个大网格片区，每个大网格片区根据自身情况再划分为2~3个小网格。每个大网格设置1名班组长，每个小网格设置2~3名巡查人员。

每个网格片区内实行片区"巡查责任田"，责任到人，每个网格巡查人员必须对所辖网格内的供水管网、附属设施、在线设施、工地情况、水质状况等非常熟悉，并使用管网GIS系统、管网维护外业系统等进行管网巡查、上报、问题处理、跟踪落实等。每个大网格班组长需要制定供水管网巡查工作方案、巡查任务，并利用管网维护外业系统进行任务派发。

所有网格巡查人员均采用电单车的方式进行供水管网巡查，巡查过程中对一般性问题自行处理，对于发现的异常问题不能自行处理的，通过管网维护外业系统进行上报，并派发外业工单处理或者报分公司管网部分管部长协调处理，对于巡查发现的工地需在外业系统建立工地档案并定期打卡巡查，对于工地发现的危害供水管网安全的隐患或问题，或者发现的违章用水等问题，需现场拍照上传外业系统，并发出告知函、罚款单等，敦促整改落实。

对于室外消火栓巡查等专项巡查，深水龙华采用巡查外包模式，网格巡查人员除了自身职责的供水管网巡查任务外，还要对室外消火栓进行10%的督查，考核外包单位的巡查责任。

（4）信息化管理

深水龙华供水管网巡查信息化管理主要有管网GIS系统及管网维护外业系统，供水管网巡查工作主要依托于这两大系统，如巡查任务的制定、任务的派发、巡查问题上报、派单处理等，同时网格巡查人员有义务对所辖网格片区内的供水管网及其附属设施信息进行及时纠正与信息录入。

（5）监督考核

深水龙华供水管网巡查工作监督考核主要分两级：一级监督考核主要为各分公司内的，即各分公司对每一名网格巡查人员进行监督与考核。监督与考核主要也是依托管网维护外业系统，通过巡查任务完成率、巡查轨迹、发现问题并处理及时率等对巡查人员进行考核。二级监督考核主要为深水龙华机关管网部对各分公司进行的季度、半年、年度供水管网巡查工作考核，考核内容包括巡查方案制定、巡查效率、巡查任务完成率、是否发生水质、水压事件等。

3. 总结

深水龙华供水管网巡查工作主要有以下三个方面的优势：

（1）将所辖范围内的供水管网采用网格化的巡查管理模式，极大地提高了所有网格巡查人员的责任意识。

（2）所有网格巡查人员采用电单车的巡查方式，极大地提高了巡查的效率及效果。

（3）管网 GIS 系统及管网维护外业系统的使用，极大地提高了管网巡查问题的记录、上报、处理等的效率，为实现供水管网日常管理向信息化、精细化、智能化方向发展提供了较好的参考。

5.2　管网维护

管网维护是指对市政供水管网、用户表前供水管网及其附属设施实施的运行维护管理。管网维护直接关系到供水的安全，及时处理影响供水管网水质安全的隐患或供水管网运行中出现的问题，对现有供水管网安全运行具有重要意义。

5.2.1　管网维护工作内容

（1）供水管网日常维护管理

应积极主动地开展对现有供水管网的日常维护与管理工作，并查禁和处理一切危害供水管网运行安全、污染供水管网水质的违章行为，及时发现、处理影响供水管网正常运行的有关问题。管网维护工作主要包括供水管段维护、阀门（井）维护、消火栓维护、管网在线设施维护等相关内容。

1）对供水设施进行日常维护和定期保养。

2）查禁和处理私自启用或损坏消火栓的行为。

3）查禁和处理有损供水管网安全的"占、压、圈、埋"及破坏、影响管道基础等行为。

4）积极采取有效措施，防止供水井盖、消火栓及其他附属设施被偷盗的行为。

5）查禁和处理其他违反城市供水用水条例有关规定及危害供水管网、设施安全的行为。

6）及时回复并处理用户、媒体等有关供水服务的报料或投诉问题。

7）处理各类供水管网异常情况等。

（2）供水单位应根据供水管网服务区域设置相应的维护站点，配置适当数量的管道维修人员，负责本区域的管网巡查、维护和检修工作。

维护站点服务半径不宜超过 5km，宜选在交通方便、有通信及后勤保障的区域内。维护站点的人员宜按照每 6～8km 管道配维修维护人员 1 名的数量配备。维护站点服务半径与范围内的管网密度、服务人口数量有关。

由于管道维修工作的特殊性，维护站点除满足日常工作办公的需要外，还需具备值班人员在岗的生活条件和相应的各类设施：

1）维护站点应对维修工作进行统一调度指挥，及时、高效、优质地完成维修及抢修工作。根据各地区的不同情况，调度指挥平台可配备相应的信息和通信系统。

2）维护站点内配备的常用设备有工程抢险车；破路及挖土机械；可移动电源；抽水设备；抢修用发电机及电焊、气焊设备；起重机械；管道抢修的常用工具；照明及必要的安全保护装置；管道通风设备；必要的通信联络工具等。其中大型装备如破路及挖土机械、起重机械等的配备可采用多个站点共用或租赁等其他方式。

3）维护站点所进行的阀门操作、维修记录、供水管网损坏情况调查、处理结果、水质水压数据、水表换修记录等，均应有文字记录。

4）根据各地区的不同情况，宜采用计算机进行信息管理，积累供水管网运行数据。

（3）供水单位应根据供水管网建设年限、日常维护状况及管网运行、维护行业标准，制定维修成本控制计划，确保管网维护顺利进行。供水单位应逐步完善供水管网系统，更换不合格供水管网及配件，合理配置管网供水负荷，降低供水管网漏耗，提高供水安全性。

1）企业应加强成本控制管理，优化投入分析，提高资源的使用效率，以实现技术、经济和社会三者间的效益最大化。

2）企业组织工程建设和设备、材料、技术服务采购时应遵循合理性原则，投资要适度。企业固定资产使用效率应在 1500～2500m³/万元范围内。

3）供水单位应加强内部管理和成本控制，企业的各项定额和效率指标应符合国家、省、市有关规定。

4）供水单位应建立知识结构、年龄结构、学历结构和专业结构合理的人才队伍。企业应有给水排水、机械、自控、化学、生物、工民建、电气、管理等专业的技术人员，技术人员数量占人员总数的比例应≥20%。

5）供水单位从事生产、化验、管道施工、维修和营销等相关工作的人员都必须进行职业技能培训，经考核合格取得相应的资格证书后，方能持证上岗，持证上岗率达 100%。

6）各供水单位应全面提高职工队伍整体素质，建立以高级工为骨干、中级工为主体的技术精、工种配套的职工队伍，在持证上岗的人员中，技师和高级工应占 10%左右，中级工应占 50%左右。

7）供水单位应合理设置内设机构，减少管理层次，企业管理人员占人员总数的比例应控制在 15%以内。

8）供水单位应合理定岗定编，根据具体情况安排生产、销售及管理人员比例，使产水和售水都能达到较高的生产效率，企业人均年供水量应≥30 万 m³。

5.2.2 管网维护方式及要求

供水单位应重点关注管材较差、水龄较长、管网末梢等区域的水质变化。应重点关注色度、浊度、游离氯、臭和味、细菌总数、铁、锰、铝等风险指标。

日常维护应加强管网设施管理，并采取有效的防污染措施，严禁供水管网与其他管道交叉连接，在管网设施的运输、堆放、搬移过程中做好保护，严格控制供水管网二次污染风险。

1. 供水管段维护

(1) 明敷管道及其附属设施的维护包括以下内容：

当发现裸露管道防腐层破损、桥台支座出现剥落、裂缝、露筋、倾斜等现象时，应及时修补；汛期之前，应采取相应的防汛保护措施；标识牌和安全提示牌应定期进行清洁维护及油漆；发现阀门和伸缩节等附属设施漏水应及时维修；严寒地区在冬季来临之前，应检查与完善明敷管道或浅埋管道的防冻保护措施。

(2) 水下穿越管的维护应符合下列规定：

河床受冲刷的地区，每年应检查一次水下穿越管处河岸护坡、河底防冲刷底板的情况，必要时应采取加固措施；因检修需要排空管道前，应重新进行抗浮验算；在通航河道设置的水下穿越管保护标识牌、标识桩和安全提示牌，应定期进行维护。

(3) 爆管频率较高的管段应采取以下维护措施：

爆管频率较高的管段系指位于被建筑物或构筑物压埋、与建筑物或构筑物贴近的管段，包括管材脆弱、存在严重渗漏、易爆管段、存在高风险等隐患的管段以及穿越有毒有害污染区域的管段。缩短巡检周期，进行重点巡检，并建立管理台账；有条件的应增加在线监控设施及时感知运行情况。在日常的供水管网运行调度中应适当降低该管段水压，并制定爆管应急处理措施；制定改造计划，适时进行更新改造；加强暗漏检测，降低事故频率。

(4) 采用非开挖技术施工的管段应采取以下维护措施：

对采用非开挖技术施工的管段，应单独设档，附照片，标明地址、管网名称、规格、材质、管长、附属设施及设备情况；应对管道结构的完整性、接口质量、管道的稳固性、工作坑的处理维护等情况进行记录。根据管道内衬外防腐状况、造成隐患、危险程度，应采用 CCTV 检测设备不定期对管道内部进行表观检测。

(5) 综合管廊内供水管网的维护包括以下内容：

综合管廊埋深较大，一旦供水管网爆管抢修难度和风险较大，应从管道及其附属设施接口连接密闭性、可靠性等因素考虑维护措施。供水管网可选用钢管、球墨铸铁管、塑料管等。接口宜采用刚性连接，钢管可采用沟槽式连接。供水管网应根据管材、固定支墩的设置、温差变化等条件合理考虑是否设置伸缩补偿接头。综合管廊内的供水管网的流量控制阀门应具有远程开闭功能；阀门宜选用手动、电动两用偏心半球阀。并应设置压力、渗漏监测和报警系统。安全预警及智能控制方面，需考虑压力管道水压在线监测，通过压力传感器压差变化自动控制相邻两个电动阀门的关闭，来达到控制爆管风险，同时在综合管廊每个防火分区设置爆管后淹没综合管廊的液位传感器，超水位报警。设置 H_2S、CO、CH_4 等有毒有害气体检测装置。

(6) 供水设施标准化建设

供水单位应制定供水管网及其附属设施标识方案，统一标准化管理，应统一考虑与周边城市环境相融合，确保所有作业活动均在良好的环境中有序开展。主要包括供水管网及其附属设施维护保养保护，对 $DN200\sim DN600$ 供水管网、$DN600$ 及以上供水管网分阶段统一标识。

2. 阀门（井）维护

阀门作为供水管网的重要调控设备，主要用来调节供水管网中的流量和压力，并可在紧急维修中迅速隔断事故管段，在管网维修中大部分工作都要围绕它展开。阀门运行管理工作质量要求包括阀门应关闭严密或基本严密；阀门填料不滴漏，阀门启闭轻便，指示完好。

阀门的维护应遵循"先保养、后维修、再更换"的原则，及时做好故障阀门的维修工作，对于需更换的阀门，须提供诊断结果。

（1）阀门的评估分级

根据阀门管理数量、管理模式、重要性和阀门状况等进行分级，分为特级、一级、二级和三级。各供水单位可根据自身阀门情况分级管理。

特级：①厂站生产线上的阀门；②水厂出厂管上的第一座和第二座阀门；③原水管上的主阀门、排泥阀、排气阀；④直径≥$DN1200$ 的管网阀门；⑤重点保障用户的表前阀门（政府机关、医院、军队、港口、学校等）。

一级：①市政管网排泥阀；②$DN800$≤直径＜$DN1200$ 的管网阀门；③常用调度阀门。

二级：$DN400$≤直径＜$DN800$ 的管网阀门。

三级：直径＜$DN400$ 的管网阀门。

（2）阀门的日常维护与保养

阀门的日常维护，应进行运行状况的评估。

阀门状况等级分为 A、B、C 三级。

A 级：阀门外观无锈蚀、无渗漏，可确保正常启闭。

B 级：阀门外观有一定锈蚀，偶有渗漏或微小渗漏，启闭不够灵活或较困难，可能存在关不严的状况。

C 级：阀门外观锈蚀严重，渗漏明显或较大，无法正常启闭或关不严。

发现 C 级阀门应当立即进行更换；发现 B 级阀门应当进行二级保养，确保阀门处于良好的运行状态；A 级阀门可进行常规性的一级保养。

日常维护实行分级保养：

一级保养：完成对阀门传动系统零配件的检查，对阀门进行启闭操作，清理阀门井内的积水及淤泥，使阀门能够正常启闭，阀门井清洁无淤积。

二级保养：除一级保养外，还应清理阀门传动系统、填装黄油等，保障阀门传动系统清洁、润滑，校核阀门指针位置，保障指示正确。

应对二级及以上的阀门应用瓦奇等智能化的阀门操作设备主动开展诊断评估工作，特级阀门每年诊断评估不少于一次；一级阀门每 3～4 年诊断评估不少于一次；二级阀门每 6～8 年诊断评估不少于一次。

（3）阀门的启闭，应遵循"启闭有审批，操作有复核，过程有记录"的原则。

为避免同一管段反复水锤，流速突变导致水质问题。阀门关闭应遵循"从上游到下游依次关闭"的原则，阀门开启应遵循"从下游到上游依次开启"的原则，且要合理控制阀门开启速度，缓开缓闭。阀门操作不得影响供水管网水质。对于阀门直径＞DN600 的停水操作，应基于供水管网数学模型对水压变化、水流方向、水质变化、影响范围等情况进行综合评估，当可能影响水质时，应错开高峰供水时间段。

（4）应建立专门的阀门操作维护队伍，阀门的维护应符合下列要求：

阀门的启闭必须纳入供水调度中心的统一管理，重要主干管阀门的启闭应进行供水管网运行的动态分析；阀门的启闭操作应固定人员并接受专业培训；阀门操作凭单作业，应记录阀门的位置、启闭日期、启闭转数、启闭状况和止水效果等；阀门启闭应在地面上作业，阀门方榫尺寸不统一时，应改装一致，阀门埋设过深的应设加长杆。凡不能在地面上启闭作业的阀门应进行改造。

（5）阀门井是密闭的空间，井内铁件锈蚀、渣物的存在，含有有机物的地下水渗浸，会消耗井内残存的氧气，使井内原本就不足的氧气更加稀少，导致二氧化碳等含量增高。在现代城镇里，街道下面的管网错综复杂，燃气管道的漏气或有害污水的渗漏，都可能毒化阀门井内的作业环境。客观上，阀门井内作业时发生窒息等人身事故的事例常有报道，因此必须加强对下井作业的管理。为此，强调以下措施：

1）井下作业必须履行审批手续；下井作业人员必须经过专业安全技术培训、考核，具备下井作业资格，并应掌握人工急救技能和防护用具、照明、通信设备的使用方法。

2）下井作业必须履行审批手续，严格遵守有关安全操作规程，下井前应做好井内降水、通风、气体检测以及照明等工作。消除井内积水、滞留有害气体和井底渣物等安全隐患；监护、保护操作者的安全等。

（6）阀门井维护

应加强阀门巡检工作，避免阀门井出现"圈、压、占、埋"等情况，确保阀门处于正常使用状态。供水管网设施的井盖应保证完好，如发现损坏或缺失，应及时更换或添补。

3. 消火栓维护

（1）消火栓维护管理要求达到"位置准确、责任清晰、管理到位、设施完好"的目标，确保消火栓水量充足、水压充沛。

（2）应按照"一栓一档一人"的管理要求，一个消火栓建立一个独立档案，同时备有文字和电子文档档案。每个消火栓明确一个管辖责任人，将消火栓管理责任落实到人。

（3）为减少供水管网水质被二次污染，应有计划地组织开展消火栓排水检查工作，频次每年不低于 4 次，盲管、滞水管段接出的消火栓应视情况加强排放；并根据排放压力情况开展水压测定工作，确保消火栓功能完好，并做好排放和测压记录。

（4）应建立消火栓"停水告知机制"，因供水工程施工、设施检修等原因，造成消火栓停水或水压不足的，应事先通知公安消防机构。因供水设施发生紧急事故，不能提前通知的，应在抢修的同时通知，并尽快恢复正常供水。

（5）应建立"消防水源引导机制"，在得知火灾事故发生时，迅速到达现场为火灾扑救和应急救援工作人员提供支持，引导灭火救援人员取用消火栓水源，并做好相关记录。

（6）及时对服务范围内陈旧和轻微损坏的市政消火栓进行维修，包括对因锈蚀关闭不严的消火栓控制阀门、缺失的相关配件等进行更换，对手轮的保养、栓体内丝杆的润滑、阀片的更换、栓帽的补齐、接水口封头的修缮等，要求正常使用率达到 100%，并做好相关记录。

（7）为防止消火栓内腔及内件锈蚀污染水质，增加消火栓抗冲撞能力，消火栓栓体材质宜为球墨铸铁，内腔必须进行食品级环氧树脂漆涂装，涂层的等级应为加强级；启闭杆宜为不锈钢或铜质材料制作；消火栓皮碗的制作材料应为无毒性材料，严禁使用再生橡胶；消火栓栓体应易拆卸、无泄水口，且应有固定于地面的附属保护设施。

（8）及时对服务范围内被交通工具撞毁、被绿化树木侵占、栓阀锈蚀无法启闭和达到使用年限自然报废的消火栓进行更换，不能正常取水和使用的消火栓进行更换，并做好相关记录。在发生上述情况导致消火栓无法正常使用时，要求自接到通知时起，36h 内修复，通知包括但不限于以下方式：消防部门通知、数字化城管通知、自查发现、群众报修等。

（9）应有计划地组织开展消火栓刷漆保养，确保消火栓标识明显、整洁，无油漆剥落和生锈现象。

4. 管网在线设施维护

（1）应对管网压力计、水质仪及流量计等管道附属设施的缺损情况进行及时维护更新，确保周边环境卫生干净整洁。

（2）供水管网水质、水压和流量监测点应分别统一安装标准并规范标识。

（3）应组织专业队伍对管网在线监测点定期进行维护，主动维护频率每月不少于 1 次；管网在线监测点出现异常时，应在 24h 内开始实施故障修复。

（4）供水管网水质人工监测点应根据水质出现异常的可能性、影响程度等对监测点进行分级管理，并符合下列规定：

一级人工监测点每天巡检不应少于一次，二级人工监测点每周巡检不应少于两次，三级人工监测点每周巡检不应少于一次；当出现集中水质投诉时，除应提高投诉区域水质检测的频率外，还应加强对水质投诉区域周边人工检测点的水质检测，并查明原因，从源头解决问题；重要、大型活动等特殊时期，应提高相关区域水质检测频次。

（5）应建立监测数据异常报警处理机制。应基于历史数据变化规律和监测点的系统关联性，设定每个监测点的异常报警值和报警等级，并通过短信、电话、系统工单等方式及时通知相关人员处理。

（6）宜开展监测数据分析，快速识别爆管、大规模水质事故等影响较大的事件。

（7）维修施工项目应编制施工方案及实施计划，并经批准后实施。

（8）对水下穿越管，应明确保护范围，并严禁船只在保护范围内抛锚。

（9）对套管、箱涵和支墩应定期进行检查，发现问题及时维修。

（10）作业人员进入套管或箱涵前，应强制通风换气，并应检测有害气体，确认无异常状况后方可入内作业。消火栓和进排气阀等设备在严寒地区要考虑防冻问题，同时这些设备内的水又有机会与空气直接接触，特别是进排气阀吸气时，阀门井设施应考虑防止管道二次污染问题。

（11）应做好供水管网运行维护档案的记录、存档工作，并按要求及时录入相应的信息管理系统。

5.2.3　管网维护案例

故障蝶阀维修案例分析：

（1）事件描述

时间/地点：2013 年 9 月，福田区笋岗路上步路南北方向。

该阀门是位于福田区笋岗路上步路南北方向的 DN1200 主控阀门，接福田所报料该主控阀门后爆管关不住水，漏耗量较大，且传动机构时重时轻。接故障阀门维修处理派工单后，立刻来到现场。

采用瓦奇设备对该阀门进行启闭式力矩记录。对启闭全程力矩进行分析，找出该阀门故障点。

对传动机构故障点进行维修处理，对阀体内部密封面利用瓦奇的往返研磨功能进行修复。

利用瓦奇对修复后的故障阀门进行过程全启闭，分析过程力矩图。

（2）原因分析

由于供水管网为环状，体育馆为主要用户，用水量太小，导致水流过缓，易在阀门密封面形成水瘤，导致关闭上板力矩倍增、关不死。

较长时间没有对该阀门进行启闭保养，使传动机构形成点蚀、粘黏、轴承锈蚀等现象。

（3）总结提高

周期性启闭保养、检查易损件，发现易损件损坏，及时处理，做到"早发现，早处理"。

5.3　管网维抢修

供水管网突发性的爆管事件，影响用户用水的，应及时通知用户，并做好有关解释工作。管网维修应坚持少停水、无污染、快速有效的原则。

5.3.1　管网维抢修相关要求

（1）应建立管网维抢修管理制度。

（2）管网维抢修的组织实施工作应符合下列规定：

1）应设置供水管网突发事故处理组织机构；

2）应建立供水管网抢修安全生产责任制度；

3）应设置并公布 24h 报修电话，抢修人员应 24h 值班；

4）应具有处理供水管网破损或爆管的备品、备件和技术措施。

（3）供水管网发生漏水，应及时维修。管道渗漏维修宜采用不停水和快速维修方法，有条件时应选择非开挖修复技术。

（4）供水管网发生爆管，抢修人员应在 4h 内止水并开始抢修，修复时间符合以下要求：

1）管径≤DN600 的管道应少于 24h；

2）DN600＜管径≤DN1200 的管道宜少于 36h；

3）管径＞DN1200 的管道宜少于 48h。

（5）管网维抢修应根据影响范围、管网分布和用户状况，合理调度，减少对用户的影响。确需停水或降压供水时，应在抢修的同时通知用户。

（6）管网维抢修作业应连续进行，并应包括下列步骤：

1）找出发生故障或事故的部位；

2）确定故障或事故的属性；

3）制定抢修方案；

4）实施抢修作业；

5）检查及恢复供水。

（7）管网维抢修应快速有效，维抢修施工过程应防止造成供水管网水质污染，必须临时断水时，现场应有专人看守；施工中断时间较长时，应对管道开放端采取封挡处理等措施，防止不洁水或异物进入管内。

（8）因基础沉降、温度和外部荷载变化等原因造成的管道损坏，在进行维修的同时，还应采取措施消除各种隐患。

（9）需要实施停水维修的，需符合以下要求：

1）维修施工过程中，应严格遵守操作流程，防止造成供水管网水质污染。维修用管道及管配件内壁应进行预消毒。当管道受到污染时，修复后应进行冲洗。

2）需要实施停水维修的，应利用泄（排）水阀等设施充分排完管道内的存留水，避免开挖环节管道内的存留水从破损点流向工作坑，形成泥浆水再次由破损点进入管道内部，造成管道内部环境的污染。

3）停水维修过程中，禁止采用黏土等影响水质供水安全的封堵止水方式，并注意避免管外水、泥沙、杂物等污染物进入现有供水管网系统中。

（10）维修完成后，恢复供水阶段应加强排放工作，待排放水水质达标后方可开启用户接驳管阀门，并符合下列规定：

1）恢复供水要合理控制阀门的开启度，尽量减少对原有供水系统内环境的影响；

2）需合理利用排泥设施进行管网水的排放工作；无排泥设施的，合理选用消火栓进行排放，并将排放区域适当延至停水范围外的就近区域；

3）当距离最先开启阀门最远的消火栓或排泥阀排放的水变清澈，并经便携式水质检测设备检测水质余氯、浊度达标后，方可向用户通水。

（11）管网维抢修完成后应设置标志桩，应包括管网属性、管径、明示管道位置方向等信息。

5.3.2 维修设备

（1）管网维抢修配备的车辆、抢修设备、抢修器材等应处于完好状态。

（2）维抢修用管道、管道配件和管道附件应符合下列规定：

1）应符合国家现行标准的有关规定，且应具有质量合格证书；

2）涉及饮用水的产品应符合现行国家标准《生活饮用水输配水设备及防护材料的安全性评价标准》GB/T 17219 的有关规定；

3）技术性能应满足原管道的使用要求；

4）超过规定存放时间年限的不得使用。

（3）管道维抢修所用的材料应不影响管道整体质量和供水管网水质。

产品需提供有效期内的卫生检测报告或卫生许可证。

5.3.3 维修技术

各供水单位在管道施工和维修过程中，应逐步掌握和推广管道施工与维修的新技术，如非开挖排管技术、不停水施工技术等管道铺设和接口技术，地下刮管除垢涂衬、管道喷砂涂塑、不锈钢和逆反转环氧树脂衬里等旧管网修复技术，胀管破碎和缩径穿管等旧管网更新技术，以尽可能减少管道施工和维修对现有用户、市政基础设施、构筑物的影响。

（1）管网维抢修应采用快速、高效、易实施的方法，并应优先采用不停水修复技术和非开挖修复技术。新建道路及交通繁忙、支管弯管少、不易开挖等地区供水管网的修复更新，宜选用非开挖修复技术。非开挖修复技术中的碎（裂）管法修复技术工艺图如图 5-1 所示。

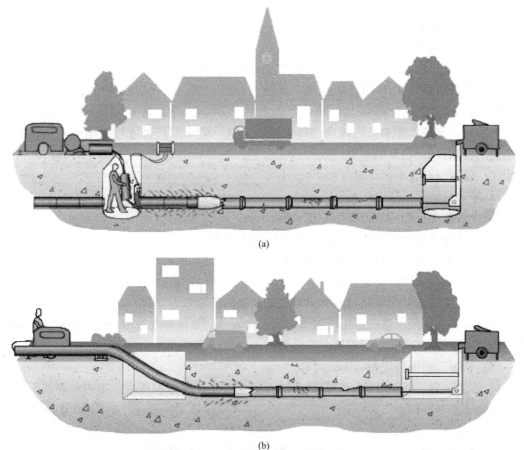

(a)

(b)

图 5-1 非开挖修复技术——碎（裂）管法修复技术工艺图
（a）PE 管；（b）PE 管

针对旧城区老化管道和原有乡镇供水管网锈蚀、漏损严重的现状，在更新严重影响安全运行和管网水质的旧管道的同时，积极进行老化管道非开挖原位修复技术及设备的研究开发，以有效延长管道的使用寿命。供水管网非开挖修复工艺种类和方法见表 5-2。

供水管网非开挖修复工艺种类和方法 表 5-2

项目	设计考虑的因素	可使用的修复方法
非结构性修复	内衬修复要求：原有管道内表面情况以及表面预处理要求	水泥砂浆喷涂法；环氧树脂喷涂法
半结构性修复	内衬修复要求：原有管道剩余结构强度；内衬管需承受的外部地下水压力、真空压力	原位固化法；折叠内衬法；缩径内衬法；不锈钢内衬法
结构性修复	内衬修复要求：内部水压力、外部地下水压力、土壤静荷载及车辆等活荷载	原位固化法；缩径内衬法；穿插法；碎（裂）管法

（2）供水管网修复前应进行管道检测与评估。

（3）供水管网检测宜采用无损检测方法。检测过程中，应采取安全保护措施，不应对管道产生污染，并应减少对用户正常用水的影响。

（4）供水管网检测与评估应包括下列内容：

1）确定缺陷类型；

2）判定可否采用非开挖修复工艺；

3）确定选用整体修复或局部修复；

4）确定选用结构性修复、半结构性修复或非结构性修复。

（5）管道检测可采用 CCTV 检测、目测、试压检测、取样检测和电磁检测等方法。管道检测内容应包括缺陷位置、缺陷严重程度、缺陷尺寸、特殊结构和附属设施等。CCTV 检测不宜带水作业。当现场条件无法满足时，应采取降低水位措施或采用具有潜水功能的检测设备。

（6）目测应符合下列规定：

1）应对管道内、外表面进行检查；

2）进入管内目测的管道直径不宜小于 800mm；

3）确认管道内无异常状况后，人员方可入内作业；

4）作业人员应穿戴防护装备，携带照明灯具和通信设备；

5）在目测过程中，管内人员应与地面人员保持通信联系；

6）当管道坡度较大时，目测前应采取安全保护措施。

（7）对待查管段可进行试压检测或选取有代表性的管段开挖截取进行取样检测。预应力钢筒混凝土管（PCCP）可采用电磁检测。

（8）管道评估报告应包含下列内容：

1）竣工年代、管径及埋深、管材和接口形式、设计流量和压力、结构和附属设施及周边环境等基本资料；

2）管道运行维护资料；

3）CCTV 检测、目测、试压检测、取样检测等管道检测资料；

4）管道缺陷分析及定性、管段整体状况评估及建议采用的修复方法。

（9）管道修复方法应根据管道状况和综合评估结果综合确定，并应符合下列规定：

1）支管、弯管少的管段，宜采用非开挖修复；支管、弯管多的复杂管段，不宜采用非开挖修复。

2）管道缺陷只在极少数点位出现的管段，宜采用局部修复；管道缺陷在整个管段上普遍存在的管段，宜采用整体修复。

3）管体结构良好、仅存在功能性缺陷的管段，宜采用非结构性修复；有严重结构性缺陷的管段，宜采用结构性修复。

（10）管网维抢修应根据管材类别、管道受损程度和部位、破损原因及施工作业条件等因素确定抢修方法，并符合下列规定：

1）钢质管道修复可采用焊接法和管箍法。对于大面积腐蚀且管壁减薄的管道，应采用更换管道法修复。管径≥800mm 的钢制管道可开孔进行管道内修复。内衬钢板或钢带前，应清理管道内壁并进行除锈处理。管道修复后应进行防腐处理，防腐质量应符合现行国家标准的有关规定。焊接的坡口形式和对边尺寸示意图如图 5-2 所示，气焊的坡口形式和对边尺寸见表 5-3。

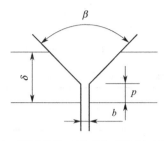

图 5-2　焊接的坡口形式和对边尺寸示意图

气焊的坡口形式和对边尺寸　　　　　　　　　　表 5-3

管道壁厚(mm)	坡口形式和对边尺寸		
	间隙 b(mm)	钝边 p(mm)	坡口角 β(°)
<2	—	—	—
2~3	1.0~2.0	—	—
>3	1.0~2.0	1.0~1.5	30~40

2）铸铁管道穿孔、承口破裂或裂缝漏水可采用管箍法修复。对于严重破裂的管道，应采用更换管道法修复。

管道安装前应对承口内部进行清理，如图 5-3 所示，不得有漆、土、砂、毛刺或水等残留物。严寒气候条件下，管道安装前密封圈应升温至 20℃。管道安装如图 5-4 所示。

图 5-3　承口内部清理示意图

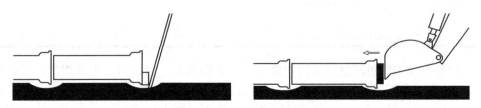

图 5-4　管道安装示意图

3）钢筋混凝土管道及预应力混凝土管道接口漏水、管体局部断裂可采用管箍法修复。对于不能采用管箍法修复的管道，应采用更换管道法修复，且破损管道应整根更换。

4）预应力钢筒混凝土管道可采用管箍法、焊接法和更换管道法修复。采用管箍法时，应采用补丁式管箍修复。

管道沿直线敷设时，插口与承口间轴向控制间隙应符合表 5-4 的规定。

管道需要曲线敷设时，接口的最大允许相对转角应符合表 5-5 规定。

插口与承口间轴向控制间隙（mm） 表 5-4

公称直径	内衬式管		埋置式管	
	单胶圈	双胶圈	单胶圈	双胶圈
$DN600\sim DN1400$	15	25	—	—
$DN1200\sim DN4000$	—	—	25	25

接口的最大允许相对转角（°） 表 5-5

公称直径	管子接口允许相对转角	
	单胶圈接头	双胶圈接头
$DN600\sim DN1000$	1.5	1.0
$DN1200\sim DN4000$	1.0	0.5

注：依供水管网工程实际情况，在进行供水管网结构设计时可以适当增加管子接口允许相对转角。

5）玻璃钢管道可采用粘结法、管箍法和更换管道法修复。

6）塑料管道的连接施工应符合现行行业标准《埋地塑料给水管道工程技术规程》CJJ 101 的有关规定。不同种类管道的常用连接方式见表 5-6。硬聚氯乙烯管道、聚乙烯管道可采用焊接法、粘接法和管箍法修复。大面积损坏时应采用更换管道法修复。

不同种类管道的常用连接方式 表 5-6

管道类型		柔性连接	刚性连接				
		承插式密封圈连接	胶粘剂连接	热熔对接连接	电熔连接	法兰连接	钢塑转换接头连接
聚乙烯（PE）管	PE80 管	√	—	√	√	√	√
	PE100 管	√	—	√	√	√	√
聚氯乙烯（PVC）管	硬聚氯乙烯(PVC-U)管	√	√	—	—	√	—
	抗冲改性聚氯乙烯(PVC-M)管	√	√	—	—	√	—
钢塑复合（PSP）管	钢骨架聚乙烯塑料复合管	—	—	—	√	√	—
	孔网钢带聚乙烯复合管	—	—	—	√	√	—
	钢丝骨架塑料(聚乙烯)复合管	—	—	—	√	√	—

7）薄壁不锈钢管道修复可采用焊接法，不添加填充金属的自动电弧焊接，需进行内外氩气保护。对于不能采用焊接法修复的管道，应采用更换管道法修复，可采用卡压式或沟槽式连接，即管径≤$DN100$ 的薄壁不锈钢管道应采用卡压式连接（齿环卡压组成部件和基本结构见图 5-5）；管径＞$DN100$ 的薄壁不锈钢管道应采用沟槽式连接。

（11）管道修复后，应对管道施工接口进行密封、连接、防腐处理。不能及时连接的管道端口，应采取保护措施。

5.3.4　管网维抢修应急停水与恢复供水

1. 应急停水

应急停水是指正在运行的供水管网出现突发性故障而需要进行紧急抢修的停水。主要包括爆管、渗漏及配件故障。爆管一般是指在表征上自来水冒出地面，对区域供水水量、水压有一定影响，或对交通造成了一定影响。渗漏一般是指管道主动检漏和巡查发现的漏水点等。配件故障是指阀门、消火栓等管网附属设施发生故障，影响正常供水。

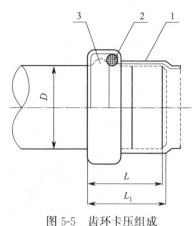

图 5-5　齿环卡压组成
部件和基本结构图
1—本体；2—密封圈；3—抗拔装置

供水管网出现突发性事件，原则上应由区域供水单位立即制定停水方案、组织抢修，尽量降低因停水抢修造成的影响。具体视现场情况按以下规定进行处理：

（1）供水管网出现渗漏，但不影响行人、车辆通行安全，且对供水区域内供水水量、水压影响不明显的，供水单位应在规定时间内赶到现场，并做好有关安全措施，在制定停水和抢修方案后，停水作业安排在夜间非高峰用水时段进行。

（2）供水管网发生爆管，已影响行人、车辆通行安全或对供水区域内供水水量、水压有明显影响的，供水单位在规定时间内赶到现场做好相关安全措施，并立即组织关阀停水抢修。

影响原水调度的，供水单位应向水务主管部门协调相关事宜。影响范围较大的应急停水需要通过电视媒体发布停水公告的，供水单位应将拟发布的信息统一发布，并通知客户联络中心。

2. 恢复供水

抢修过程中不得污染管道，且管道外水位应低于管道底部。当管道受到污染时，修复后应进行冲洗消毒。

（1）抢修冲洗排放口宜就近利用现有的排水口、消火栓等。排水不得影响周边安全。配水管可与消火栓同时进行冲洗；开启排泥阀冲洗时，应提前做好排泥阀突发故障的应急处置方案；管道维修结束后需进行冲洗排放。

（2）管道冲洗应符合下列规定：

宜安排在夜间实施，尽可能减少对用户用水的影响；当管道冲洗排放水水质浊度小于1.0NTU 时，方可结束冲洗。

5.3.5　管网维抢修案例

示范工程为上海市奉贤区西渡工业区奉金路 $DN150 \sim DN300$ 管道环氧树脂喷涂修复工程，将 3460m 长的管道分为几个管段，分管段清洗、喷涂环氧树脂、消毒、并网通水。示范工程技术优势如下：①针对老旧管道设施的改造，能同时满足结构更新和扩容需求；②最大限度避免了拆迁麻烦和对环境的破坏，减少了工程额外投资；③局部开挖工作坑，减少了掘路量及对公共交通环境的影响；④采用液压设备，噪声低，符合环保要求，社会效益提高；⑤施工速度快、工期短，有效降低了工程成本；⑥工程安全可靠，提高了服务性能，有益于设施的后期养护。修复前后管道内壁 CCTV 检测结果见图 5-6。

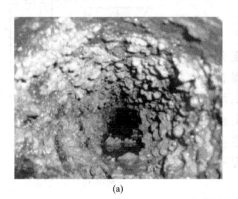
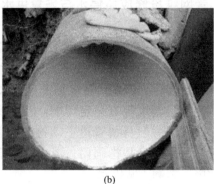

(a)　　　　　　　　　　　　　　　(b)

图 5-6　修复前后管道内壁 CCTV 检测结果比较

(a) 修复前；(b) 修复后

第6章

二次供水管理

二次供水是对超过市政供水管网正常服务压力要求的建筑物,在入户前再次通过贮存、加压等设备(施)向终端用户提供用水的方式,是与市政直供水管网相对独立的一套供水系统,作为供水基础设施"最后一公里"的重要组成部分,其运行管理的好坏直接影响用户端的水质安全。

二次供水设施的存在,会延长自来水的停留时间,并且可能由于设施本身材质易腐蚀、设计不合理等因素,或者管理不善导致污染物的侵入等,对用户端的水质安全造成影响。

为了保障二次供水设施的水质安全,需要规范二次供水设施的设计和施工,加强其水质监测及运行管理,本章立足于从运行管理角度就提升二次供水系统水质提出相关要求,包括二次供水系统水质保障技术和运行期间的水质管理要求,以及水箱、管道的具体清洗方法以供参考。

6.1 二次供水水质保障技术

6.1.1 二次供水系统的技术要求

(1)系统选择

二次供水管网模式根据有无水箱分为增压设备-高位水箱联供方式和变频调速供水方式;二次供水泵房模式根据有无水箱(池)分为地下水箱(池)-增压设备供水方式和叠压供水方式。

选择二次供水管网及泵房模式时应依据建筑类别、高度及市政管网压力情况综合判定,并应进行经济技术合理性比较。为确保水质安全,建议在满足条件的情况下,优先采用叠压供水方式,尽量确保全封闭供水过程,减少二次污染的概率。

(2)采用叠压供水方式时,应满足以下条件:

供水单位需通过水力模型模拟、校核后确认是否可采用叠压供水方式,并综合考虑叠压供水用户对周边管网系统的影响以及未来用水需求增长情况,必要情况下应在泵房内预留水箱(池),当管网供水能力不能满足叠压供水时可以切换至水箱(池)-增压设备供水方式。

叠压供水设备与市政供水管网连接处应安装倒流防止器及流量、压力等监控设备。

对于区域内管网压力波动较大的用户、特大型用水用户或必须保证不间断供水的用户以及医疗、医药、造纸、印染、化工行业和其他可能对公共供水造成污染危害的相关行业的用户不应采用叠压供水系统。

（3）采用水箱（池）的供水系统应采取必要的水质保障措施：

1）保障水箱（池）的位置合理

生活贮水箱（池）应为独立设施，不应与其他水箱（池）共用贮水空间或分隔墙，安装位置应远离化粪池、厨房、厕所等卫生不良的地方（＞10m），防止生活饮用水被污染。

2）保障水箱（池）的容积合理

根据用水人数和用水定额合理确定水箱（池）的容积，宜对水箱（池）进行分格，按不同季节用水量的变化调整投入使用的格数，使容积合理，减少贮水停留时间，一般应确保贮水设备（施）中的平均水力停留时间控制在 6h 以内，最大不宜超过 12h。

3）保障水箱（池）的结构合理

生活贮水箱（池）进、出管口径应以符合最高日平均时经济流量确定，并辅以液位监控、溢流报警及远程液位控制阀等，确保充分发挥水箱（池）的调蓄功能。

进出水口不应产生短路，应优先考虑设置导流设施；水箱（池）应能以重力自流泄空，泄水口口径不宜小于 DN50，泄水管不得与排水管直接连接并应有不小于 0.2m 的空气间隔；宜在水箱（池）进水管与室外供水主管接通位置设置排放口，当市政供水管网出现水质不稳定时开启排放，避免对二次供水设备（施）造成污染。

（4）生活供水用泵房及水泵机组应独立设置，泵房优先在室外设置，地下泵房应做好防潮、防水、排水措施设计；水泵应采用自灌式吸水；计量表具后宜设置倒流防止装置，既可以保证计量精度，又可以防止虹吸作用引起的倒流，避免外部污染。

（5）二次供水设施宜设置余氯（总氯）、浊度等水质在线监测仪表。

（6）本章节未提及的设计标准应以《建筑给水排水设计标准》GB 50015—2019 及其他相关地方标准为准。

6.1.2 二次供水系统的设备要求

1. 水池涂层和水箱材质的选用

不同材质表面生物膜的形成时间和形态各不相同，经过比较分析，对于体积较大的水池，推荐采用混凝土水箱加卫生级内衬处理，如贴瓷片、釉瓷涂料等；对于体积较小的水箱，推荐优先采用 S31603 食品级不锈钢材质制作，并由厂家制作，现场组装。

2. 管道及其附属设备（施）的材质选用

二次供水管网及管件宜优先采用不低于 S30408 食品级不锈钢材质的产品，采用法兰连接和沟槽卡箍式连接，不宜采用现场焊接方式。其他附属设备（施），凡涉水部位都宜优先采用不低于 S30408 食品级不锈钢材质的产品。

3. 增加二次消毒设备（施）

在贮水设备（施）出水管处加设二次消毒设备（施），消毒方式常见的有紫外线消毒、电解消毒、臭氧消毒、次氯酸钠消毒、二氧化氯消毒、光催化氧化消毒等。传统水厂使用的液氯消毒方式在居民小区不建议采用。本章节介绍几种二次供水常用消毒方式以供参考，具体方式选择需以现场的安全性、制备成本和设备维护成本等因素综合考量。

（1）紫外线消毒器

紫外线消毒器主要是在自来水管道上安装的一种杀菌消毒设备，紫外线波长在 240～280nm 范围内，容易破坏细菌病毒的 DNA（脱氧核糖核酸）或 RNA（核糖核酸）的分子结构，造成生长性细胞死亡和（或）再生性细胞死亡，达到杀菌消毒的效果。尤其在波长为 253.7nm 时紫外线的杀菌作用最强。此波段与微生物细胞核中的脱氧核糖核酸的紫外线吸收和光化学敏感性范围重合，所以这时候杀菌效果最好。

目前深圳市盐田区部分小区已完成二次供水设施提标改造并在水泵吸水总管上安装使用紫外线消毒器，在使用过程中发现当紫外线消毒器常开时，氯含量正常的水体经过紫外线消毒器后氯含量不足，所以不建议长期开启使用，建议在现场氯含量不足的时候再开启使用。目前已通过水质检测仪反馈的水质余氯数值来控制紫外线消毒器的启停，当水中游离氯离子含量低于设定值时系统自动给紫外线消毒器供电启动，达到接替氯离子继续抑制和杀灭水中细菌（主要是大肠杆菌）的作用。紫外线消毒器应具备对紫外线照射强度的在线检测，并宜有自动清洗功能。

（2）电解消毒器

消毒原理：水在水处理机的电极上发生微电解反应，使水中电场强度远远大于微生物所能适应的 130V/m，加速其生理代谢速度，促使细菌凋零。通过电子的高速运动，冲击细菌细胞膜，破坏其离子通道，致其死亡，达到灭菌的目的。生成具有消毒作用的活性氧杀菌物质，全面杀灭各种细菌、藻类和微生物，并能持续抑菌 48h。

6.2　二次供水水质保障管理

6.2.1　二次供水水质监测管理

1. 二次供水水质在线监测预警系统

二次供水设备（施）宜建立水质在线监测预警系统，对其水质实施在线监测，当水质未达标时，能自动报警；一般设置在供电、通信条件较好的二次供水泵房内，有条件的供水单位，建议在二次供水主管末梢增设水质在线监测仪器。

（1）监测指标

二次供水水质在线监测指标主要包括余氯、pH、浊度等水质指标。

（2）在线监测仪器

在线监测技术是利用自动化的手段，将实验室测定过程实现自动化。在线监测仪器具有标准的输出接口和数字显示及断电保护和来电恢复功能。

（3）在线监测预警系统的组成

二次供水水质在线监测预警系统由现场测定系统、数据传输网络及远程监控系统三部分组成，其中现场测定系统主要包括自动采样装置、水样输配管路、自动分析装置、数据传输和现场通信单元，主要功能是在无人值守的状态下自动完成样品的采集、测定及数据的采集和传输。

2. 二次供水水质在线监测仪器维护保养

水质在线监测仪器是水质检测的基础条件，需注意平常的维护和保养，只有仪器设备功能正常，才能够保证监测数据的有效性和准确性，应建立一个行之有效的设备管理、维护、保养制度。

3. 二次供水巡检管理

要充分利用信息化手段实现二次供水设备（施）的智能化巡检，并以人工巡检为辅助巡检方式；未实现远程监控的，仍要采用人工分级巡检的模式进行巡检，重要、大型活动等特殊时期，宜增加巡检的频次。

巡检内容包括但不限于下列内容（CCP 点巡查）：

（1）二次供水设备（施）是否受到施工、环境等因素的影响或损坏；

（2）是否存在私自改变供水方式或擅自从加压系统上接驳管道的行为；

（3）观察泵房外部环境，查看门窗是否完好；

（4）检查照明设备（施）是否完好，排风系统是否工作正常；

（5）检查供水工艺系统设备（施）有无发生变形、泄漏；

（6）检查各种仪表运转是否正常，各种指示灯显示是否正常，并做好记录；

（7）检查系统压力是否异常；

（8）检查水泵机组，仔细辨别水流、电磁、机械等运行声响，对机组产生的异常噪声做出判断并进行处理；

（9）检查水质仪表数据信息，按规定复核其准确性；

（10）检查水箱液位指示及波动情况；

（11）检查进出水阀门（含阀门井及管道）；

（12）末梢水质采样点人工采样，带回水质检测中心检测；

（13）做好巡检记录，发现问题需及时进行处理或上报，并将相关信息录入信息系统。

4. 应急处置（HACCP 纠偏措施）

二次供水系统突发水质污染应急处置预案需定期演练。发生水质突发事件后，应立即停止供水并上报，对二次供水设备（施）进行冲洗消毒，待污染排除、水质检测合格后方可供水。危害分析如表 6-1 所示。

危害分析表

表 6-1

编号	(1)工艺步骤	(2)本步引入，受控或增加危害和潜在危害		可能性×严重性	风险分值	(3)潜在危害是否显著	(4)对(3)的判断提出依据	(5)危害预防控制措施	(6)是否CCP
1	变频泵＋水箱供水方式	生物	虫类			是	虫类通过人孔、通气孔、溢水管进入水箱生存繁殖，导致水体污染	水箱的人孔加盖上锁，通气孔、溢水管要设置目数不低于 14 目的不锈钢网及防虫网，并保证防虫网完整无破损	CCP
		化学	水箱清洗消毒剂残留			是	化工合成、清洗作业残留，易溶解到水体中，导致水体污染，出水水质超标	水箱浸泡洗刷后，应用高压水冲洗排放，直至排放水符合《生活饮用水卫生标准》GB 5749—2006 的规定，才能被允许投入使用	CCP
		物理	异色			是	管道锈蚀产生水质异色	可采用多种内防腐措施，防止管道、水箱内壁生锈，如年代长远，锈蚀严重影响水质的，应予以更新	CCP

续表

编号	(1)工艺步骤	(2)本步引入，受控或增加危害和潜在危害		可能性×严重性	风险分值	(3)潜在危害是否显著	(4)对(3)的判断提出依据	(5)危害预防控制措施	(6)是否CCP
2	叠压供水方式	物理	异色			是	管道锈蚀产生水质异色	可采用多种内防腐措施，防止管道、水箱内壁生锈，如年代长远，锈蚀严重影响水质的，应予以更新	CCP

注：1. 风险分值≥9，为显著危害；非显著危害，通过前提方案可控制；显著危害，由 HACCP 计划控制。

2. (4) 对 (3) 的判断提出依据：根据实际情况、试验结果、法律法规、经验提出可能性和严重性的依据。

3. (5) 危害预防控制措施：可操作性原则。

（1）根据供水单位设定的水质超标应急预案，水质在线监测系统发现超标情况，应立即停泵，关闭进出水阀门，防止污染进一步扩大，并告知用户停止用水。

（2）初步查清水质污染原因，启动相应等级的应急预案，并采取临时供水措施。

（3）排空水箱、管道中的存水，对受污染的水箱、管道进行清洗消毒。

（4）水质检测合格后恢复供水，做好信息收集、事故分析、舆情监控等后续工作。

6.2.2　二次供水运行管理

本节重点论述二次供水运行在水质方面的管理措施。

1. 二次供水管理

（1）二次供水管理单位

在二次供水运行维护上，应明确城市供水单位、二次供水设施产权单位、专业清洗单位、二次供水行政主管部门、卫生管理部门的职责，形成相互制约的管理机制，应成立专门的二次供水管理部门，集中进行二次供水设施的管理，对二次供水环节作专门的专业化管理。

（2）二次供水管理模式

1）统一运营模式（优先推荐）

供水单位全面负责二次供水设备（施）的运营管理和保养维护工作，自行承担二次供水设施的日常管理、运行养护、更新改造等工作，并将二次供水设施管理的职能分解到内部管理部门和分支机构。

2）管养分离模式

供水单位只负责二次供水设备（施）的运营管理，委托具有相应资质的外包单位承担二次供水设备（施）的保养维护工作。

2. 二次供水水箱（池）清洗

（1）基本要求

1）水箱（池）清洗消毒流程宜包含表6-2所列程序。

2）管理单位、清洗单位的上岗人员需按要求具备健康合格证明，具备相应的清洗消毒操作能力，其中进行二次供水水箱（池）清洗消毒操作的人员还应接受过消毒和现场管理、安全生产的培训。

3）管理单位、清洗单位所使用的消毒产品应持有卫生健康行政部门颁发的有效卫生许可批件，或卫生学检测应符合现行国家标准《饮用水化学处理剂卫生安全性评价》GB/T 17218 和《生活饮用水消毒剂和消毒设备卫生安全评价规范》的规定，提供有效的卫生安全评价报告。所使用的除垢剂应取得涉及饮用水卫生安全产品许可批准文件。

水箱清洗消毒流程　　　　　　　　　　　　表 6-2

工作程序	工作内容
准备工作	调查二次供水设备(施)状况
	制定工作方案
	发布停水通知
	人员、器材准备
操作步骤	排空水箱(池)
	清洗
	消毒
	现场水质检测
	通水
	现场清理、维护
	填写二次供水水箱(池)清洗消毒记录表
水质检测	抽样送有相关资质的水质部门检测
安全管理	设备(施)/人员/防护安全管理

4）清洗消毒工作应确保质量，使用的工具应符合要求，消毒药剂应根据二次供水设备（施）类型和材质进行选择，必须符合国家、地方、行业标准的要求。清洗消毒后，需经验收合格，并经由现场采样检测合格后，方可继续供水。

5）水箱（池）的清洗消毒宜每半年进行一次。如水箱（池）发生污染时，必须立即进行清洗消毒。

6）新建二次供水水箱（池）第一次进行清洗或者水箱（池）内的水受到污染时，应对与水箱（池）相连的进、出水管道也进行清洗消毒。

7）二次供水水箱（池）的清洗过程需采取有效的节水措施。

8）清洗消毒完成后，需抽样送有相关资质的水质部门检测。居民住宅二次供水水质检测宜每季度进行一次，非居民单位二次供水水质检测宜每半年进行一次。检测结果应对外公示。

（2）清洗消毒准备工作

1）调查二次供水设备（施）状况

管理单位、清洗单位在接到清洗消毒任务后，需及时调查二次供水设备（施）状况，填写二次供水设备（施）情况登记表，如表 6-3 所示；制定二次供水水箱（池）清洗消毒作业方案，填写二次供水水箱（池）清洗消毒记录表，如表 6-4 所示。

调查的内容：

①二次供水设备（施）参数，如水箱（池）总个数、水箱（池）容积、水箱（池）内壁材料及残旧程度等；

②各管道的走向，阀门的位置和作用；

③泵房的配电情况、操作方法，水位控制器件的安装与作用；

④二次供水设备（施）清洗工作环境，尤其应注意影响安全的因素；

⑤其他应了解、检查的情况。

2）制定工作方案

工作方案的内容包括但不限于：

①作业时间；

②确定清洗消毒队伍；

③工作人员；

④使用的消毒剂、消毒设备（应按使用说明确定投加浓度和比例）；

⑤消毒方式。

3）发布停水通知

4）人员、器材准备

①在清洗消毒工作开始前，操作人员需做好个人防护准备工作，如安全帽、防护衣裤、胶手套、长筒胶靴、口罩、护目镜、安全绳等。清洗消毒人员穿戴的服装、胶靴等需经消毒处理。

②需提前准备清洗所需的工具（见表6-5）。不宜选用易折断、易掉毛（纱）、易霉变、易造成贮水箱（池）内壁磨损及可能引起二次污染的工具。带入贮水箱（池）内的工具需经过消毒，并由专人保管。

（3）清洗作业

1）排空水箱（池）。

2）水箱（池）的清洗顺序：

①由高、低水箱（池）供水的，清洗宜"先低位、后高位"；

②由一个低位水箱（池）联合多个高位水箱（池）供水的，清洗宜"先主楼、后副楼"；

③由多个水箱（池）串联供水的，清洗宜"先源头、后末端"。

3）清洗人员发现阀门、水泵、排水系统等影响清洗工作的设备（施）存在故障时，需停止操作，待故障排除后方可进行水箱（池）的清洗工作。

4）清洗水箱（池）内部时，可采用高压水枪冲洗、人工洗刷等方式。采用加清洗剂的高压水枪对水箱（池）池壁及池底进行洗刷时，可使用硬尼龙刷、软布等进行人工洗刷，确保池壁达到用手触摸无腻感，池壁及池底无清洗剂残留。将洗刷后的积水排空，再用清水将水箱（池）池壁、池底冲洗干净。

（4）消毒作业

1）选用的消毒剂应是水溶性的。消毒药物应符合现行国家标准《饮用水化学处理剂卫生安全性评价》GB/T 17218的要求。

2）消毒方式主要包括喷洒、浸泡两种方式，操作时可按以下规定执行：

①当水箱（池）内的积水清澈度较高时，可采用喷洒消毒方式。

a. 提前贮水备用；

b. 消毒人员对水箱（池）内壁自上而下、由里向外进行喷洒，使消毒剂均匀分布在水箱（池）内壁（含顶部和底部）上，并喷洒至水箱（池）的人孔，消毒人员离开水箱

（池）并盖上人孔密封；

　　c. 喷洒后消毒时间不宜少于 30min；

　　d. 消毒完成后需用清水将水箱（池）内壁冲洗干净，打开水箱（池）泄水阀排水，排水完毕后关闭泄水阀，最后打开水箱（池）进水阀，放入净水。

　　②当水箱（池）第一次进行清洗或水箱（池）内的水受到污染（如目视可见油污、红虫）时，可采用浸泡消毒方式。

　　a. 浸泡水位不宜低于正常贮水位；

　　b. 投加消毒剂前水箱（池）内宜留有 20cm 左右的水量，打开水箱（池）进水阀并放入净水，同时加入消毒剂，直至达到浸泡水位，停止进水；

　　c. 浸泡消毒时间宜不少于 2h；

　　d. 消毒完成后应用清水将水箱（池）内壁冲洗干净，打开水箱（池）泄水阀排空水箱（池）内的积水，然后关闭泄水阀，打开水箱（池）进水阀放入净水至正常贮水位；

　　e. 消毒作业后需确保水箱（池）及管道内净水无明显消毒剂气味并经现场检测合格后方可通水。通水前应及时通知用户。

　　（5）现场收工要求

　　1）"三孔"的维护

　　管理单位、清洗单位应检查人孔、通气管口和溢流管口等是否有防蚊、防尘、防沙网，采取有效的防雨、防尘等措施，池盖应保证密封和加锁。

　　2）现场清理

　　管理单位、清洗单位需清理水箱（池）上方及其周围的杂物，确保水箱（池）周围环境卫生整洁，确保"三孔"周边无杂物。

　　3）水箱（池）完成清洗消毒并经现场检测水质合格后，应由管理单位进行验收，有条件的可邀请用户代表参加验收。

　　（6）水质检测

　　1）水箱（池）完成清洗消毒后需进行水质检测。

　　2）水质检测采样点的选择宜符合以下规定：

　　①选择距离水箱（池）出水口最近的取水点作为出水采样点；

　　②当水箱（池）的采样检测不合格需再次检测，或因突发污染进行清洗消毒时，需同时从进、出水采样点进行取样检测。

　　3）水样的采集过程需有管理单位在场监督，并符合以下规定：

　　①由管理单位填写水样采集登记表，登记表内容包括：采样点的地址、管理单位的联系电话等；

　　②由管理单位在水样采集瓶封条上签名并封存。

　　4）二次供水水质检测需由取得质量技术监督部门计量认证或国家实验室认可的检测机构承担（一般为供水水质检测中心）。

　　5）水质检测需满足下列要求：

　　①水样的采集和保存需符合现行国家标准《生活饮用水标准检验方法 水样的采集和保存》GB/T 5750.2 的规定。

　　②水样的检验方法需符合现行国家标准《生活饮用水标准检验方法 水质分析质量控

制》GB/T 5750.3 的规定。

③水样的检测项目需符合现行国家标准《二次供水设施卫生规范》GB 17051 的规定，清洗消毒需现场检测色度、浊度、嗅味及肉眼可见物、pH、余氯。

④水质的检测结果需符合《生活饮用水卫生标准》GB 5749—2006 的规定。

6）如果水质检测结果判定不合格，需由管理单位、清洗单位查明原因，重新进行水箱（池）的清洗消毒。

3. 二次供水管网冲洗

（1）新建二次供水外场管道交付前冲洗

此处的二次供水外场管道是指新建的还未与二次供水泵房内设备（施）连通的二次供水输水管道，包括埋地管道和地下室架空管道。

1）前期准备工作

①施工单位制定管网冲洗方案报相关部门审批。

②冲洗排放前 3d 在小区内醒目位置张贴停水降压通知书，并通知小区物业，必要时可通过报纸等其他媒体进行告知（尚未入住交付的小区可以略过）。

2）实施冲洗排放

①在新建二次供水外场管道内投入漂粉精，引入市政直供水浸泡消毒 24h。

②冲洗排放时间宜安排在夜间，避开用水高峰期。

③冲洗排放前做好相应的安全围护、夜间警示标志和照明措施，保障夜间排放的安全性。

④缓慢开启市政直供水管网临时连通阀，避免管道内水压突变引起水锤现象。

⑤利用管道排放口进行冲洗排放。

⑥密切注意排放口水质情况，待水质浊度达标后可结束排放。

⑦排放完毕后应做好相关信息记录，并及时向供水调度中心反馈。

⑧及时将冲洗水样送至水质检测中心进行检测，确保水样检测合格后方可将该新建管道并入正式管道运行。

（2）新建二次供水立管交付前冲洗

此处的二次供水立管是指新建的已与二次供水外场管道连通并有独立阀门控制的二次供水进户立管。

1）前期准备工作

①施工单位制定管网冲洗方案报相关部门审批。

②会同施工单位、监理单位和小区开发商现场查勘，确认户内排水位置及借用房门钥匙。

③户内检查，准备立管冲洗所用材料。

2）实施立管冲洗

①关闭立管排气阀，拆除排气阀（冲洗完毕恢复原样）。

②安装排放管，并将其引入户内排水管。排放管宜采取必要的固定措施防止排放时移位。

③开启阀门，实施冲洗。冲洗过程中，做到立管与户内排水管相对应。例如：增压 1 管冲洗排入 01 户的厨房排水管，增压 2 管冲洗排入 01 户的卫生间排水管。

④冲洗排放时宜对其他楼层尤其是底层用户的排水管道进行检查，防止灌满溢流，并将存在问题的排水设施情况及时告知开发商。

⑤密切注意排放口水质情况，待水质浊度达标后可结束排放。

⑥排放完毕后宜做好相关信息记录，并及时向公司调度和热线反馈。

⑦及时将冲洗水样送至水质检测中心进行检测，确保水质合格后方可将该新建立管并入正式管道运行。

（3）在用二次供水管网冲洗

此处的二次供水管网是指已经正式投入运行，通过二次供水泵房加压后向用户输水的管道系统，包括二次供水外场管道和二次供水立管。

1）前期准备工作

①实施部门制定管网冲洗方案报相关部门审批。

②冲洗排放前 3d 在小区内醒目位置张贴停水降压通知书，并通知小区物业，必要时可通过报纸等其他媒体进行告知。

2）实施冲洗排放

①冲洗排放时间宜安排在夜间，避开用水高峰期。

②冲洗排放前做好相应的安全围护、夜间警示标志和照明措施，保障夜间排放的安全性。

③对于二次供水外场管道可以将二次供水泵房增压系统调至安全压力，利用外场管道排放口进行冲洗排放。

④对于二次供水外场管道及立管可以在二次供水管网灌满水的情况下，关闭二次供水泵房增压系统，利用外场管道排放口进行排放，待二次供水管网排空后关闭排放口，缓慢启动二次供水泵房增压系统，将二次供水管网再次灌满，如此往复多次。

⑤密切注意排放口水质情况，待水质浊度达标后可结束排放。

⑥排放完毕后应做好相关信息记录，并及时向供水调度中心反馈。

（4）在用二次供水管网个别单元立管冲洗

此处的二次供水立管是指已经投入运行，因用户反映水质问题较集中的部分二次供水进户立管。

1）前期准备工作

①实施部门制定管网冲洗方案报相关部门审批。

②现场查勘，确认排水位置及准备立管冲洗所用材料。

2）实施立管冲洗

①关闭立管排气阀，拆除排气阀（冲洗完毕恢复原样，并将排气阀清洗干净）。

②安装排放管，从楼道窗户口接至地面，排放管宜采取必要的固定措施防止排放时移位。

③开启阀门，实施冲洗。

④密切注意排放口水质情况，待水质浊度达标后可结束排放。

⑤排放完毕后应做好相关信息记录，并及时向供水调度中心反馈。

4. 二次供水消毒设备运行管理

（1）紫外消毒设备维护保养

定期检查：确保紫外线灯的正常运行。紫外线灯应持续处于开启状态，反复开关会严重影响灯管的使用寿命。

定期清洗：根据水质情况，紫外线灯管和石英玻璃套管需要定期清洗，用酒精棉球或纱布擦拭灯管，去除石英玻璃套管上的污垢并擦净，以免影响紫外线的透过率而影响杀菌效果。

灯管的更换：进口灯管连续使用 9000h 或一年之后，应进行更换，以确保高杀菌率。更换灯管时，先将灯管电源插座拔掉，抽出灯管，再将擦净的新灯管小心地插入杀菌器内，装好密封圈，检查有无漏水现象，再插上电源。注意勿以手指触及新灯管的石英玻璃，否则会因污点影响杀菌效果。

（2）电解消毒设备维护保养

电解消毒设备是二次供水系统水质保障的基础设备，需注意平常的维护和保养，只有设备功能正常，才能够保证杀菌的有效性，应建立一个行之有效的设备管理、维护、保养制度。

1）建立规范的操作人员管理制度，对操作人员进行培训，提高操作人员的管理素质、专业素质和实践技能，认真做好设备的日常管理工作；

2）对设备的杀菌效果进行在线监测并及时反馈；

3）制定对设备的维护保养计划；

4）定期对设备进行维护保养，及时更换易耗零件。

二次供水设备（施）情况登记表　　　　　　表 6-3

基本信息	项目名称		
	二次供水设备(施)的地址		
	二次供水设备(施)管理单位		
	管理单位联系人		
	管理单位联系电话		
	水箱(池)最近一次清洗日期		
	是否会导致停水(勾选)	1. 需要停水	2. 有备用贮水设备,不需要停水
二次供水设备(施)情况	水箱(池)总个数		
	水箱(池)容积(m³)	总容积	
		单个容积	
	水箱(池)内壁	材料(勾选)	1. 瓷片;2. 水泥;3. 不锈钢;4. 其他(请注明)
		残旧程度(勾选)	1. 内壁脱沙;2. 池(箱)壁渗水;3. 其他(请注明)
	二次供水管网材质(勾选)	1. 钢塑管;2. 钢管;3. PPR 管;4. PVC-U 管;5. 铝塑复合管;6. PE 管;7. 镀锌管;8. 其他(请注明)	
	二次供水管网管龄	年	
	使用二次供水的用户	楼～　楼	
		户数:	
	导流隔板(勾选)	1. 有;2. 无;3. 其他(请注明)	
	消毒剂二次投加装置(勾选)	1. 有;2. 无;3. 其他(请注明)	
	加压设备使用情况(勾选)	1. 有;2. 无;3. 加压设备损坏停用	
	水箱(池)泄水设备(施)(勾选)	1. 泄水阀;2. 抽水设备;3. 其他(请注明)	

续表

供水方式	按系统装置分(勾选)	1. 单设高位水箱;2. 水池、水泵和高位水箱联合;3. 水池、水泵和气压罐联合;4. 水池、变频调速水泵供水;5. 无负压变频调速设备供水;6. 高层建筑的分区供水系统;7. 其他(请注明)
	按用水性质分(勾选)	1. 仅生活用水;2. 生活和消防用水分离;3. 生活和消防用水混用;4. 其他(请注明)
排水	排水系统使用情况(勾选)	1. 有;2. 无;3. 排水系统阻塞或排水能力差
其他需要记录的问题		
管理单位签名(盖章)	年　月　日	清洗单位签名(盖章)　　　　　年　月　日

二次供水水箱(池)清洗消毒记录表　　　　　　表 6-4

二次供水设备(施)单位名称:

序号	水箱(池)位置或编号	清洗日期	开始时间	完毕时间	清洗人员	监督人员	送水质检测编号	送检结果
1								
2								

清洗水箱(池)可选用的工具　　　　　　表 6-5

工具类型	可选用的工具
机械工具	潜水泵、高压喷枪、鼓风机、手电钻等
日杂用品	爬梯、扫帚、柔性刷、水桶、水勺、尼龙(或不锈钢)纱网、海绵、尼龙绳、电筒、尖嘴钳、平口钳等
水质现场检测仪器	浊度仪、余氯检测仪器等
劳动保护用品	安全帽、防护衣裤、胶手套、长筒胶靴、口罩、护目镜、安全绳等
五金工具	扳手、剪刀、卷尺、铁线、胶带等
电工工具	电笔、电工刀、电工胶布、接线板等
常用急救药品	清凉油、纱布、医用胶布、红药水、紫药水、创可贴、人丹、藿香正气水

6.2.3　二次供水管理应用案例

1. 常州市高层住宅二次供水设施统建统管

(1) 案例名称及规模

常州市高层住宅二次供水设施统建统管工程,用水户 37.5 万户。

(2) 问题与技术需求

2005 年之前,常州市高层住宅二次供水设施都由开发企业建设,验收合格后交由小区物业公司管理,出现诸多问题,用户对此反映强烈,迫切要求解决二次供水存在的建管分离、权责不清、分散管理等问题。

(3) 主要技术内容

1) 统一建设、统一管理。2005 年 9 月常州市出台了《常州市高层住宅二次供水设施管理办法》,明确规定新建住宅小区二次供水设施应当委托城市供水单位建设、维护和运行管理。供水单位与开发企业签订委托建设协议,开发企业将二次供水设施建设、维护和运行管理费用一次性支付给供水单位,由供水单位"统一建设、统一管理",实现"抄表到户、同城同价、同网同质"。

2）无人值守、集中监控。构建二次供水 SCADA 远程监控系统，实现了远程数据采集和控制功能，当设备出现异常情况时，系统会自动发出报警，帮助维修人员预判故障，实现了"无人值守、集中监控"。

3）加强检测，信息公开。加强水质日常检测工作，对出水浊度、余氯等指标进行现场快检。采取网上公示、小区公示、水质在线监督等方式实现二次供水水质信息公开。

4）移动巡检，智能安防。基于物联网技术，实施移动巡检，实时定位巡检人员位置和轨迹，将传统的巡检工作标准化、透明化。每个泵房配置了摄像头、红外探测器、电控门锁、声光报警器等安防设备，提高了二次供水安全保障能力。

（4）运行效果

2008 年启动了"已建高层居民住宅二次供水设施改造"工程，对 2005 年之前的 61 个老旧小区二次供水设施进行改造接收，近 2 万只居民水表抄表到户。截至 2019 年 12 月底，常州市所有高层居民住宅二次供水设施基本全部由自来水公司专业化运行管理，至今已累计建设管理了 512 个泵房，二次供水用户达 37.5 万户，龙头水水质满足《生活饮用水卫生标准》GB 5749—2006 的规定。该模式在江苏省推广，目前无锡、扬州、泰州、连云港、姜堰、江阴等城市的二次供水实行统建统管。

（5）注意事项

根据小区规模及供水管网情况，科学选择供水方式；建立信息化管理系统，实时监控泵房设备运行情况，确保数据传输畅通准确；建立专业巡检运行、维保抢修队伍，确保设备安全稳定运行；建立停水应急保障机制，保证居民基本生活用水。

2. 深圳市二次供水设施委托运营工作模式

（1）基本情况

现有运营管理居民小区二次加压泵房 113 座，按行政区域由各区域分公司负责日常维护管理。目前，各分公司除设备部设有 1～2 名兼职的泵房设施管理人员外，泵房维护保养人员共 42 人均配置在各水务所。分公司人员主要负责泵房设施的巡检、清洁、设备日常维护保养、水质检测、投诉处理以及监督水池清洗消毒等工作，水务科技公司目前负责其中 61 座由其开发的自控系统的维护保养及抢修工作。

（2）政策依据

2018 年 12 月，深圳市政府印发了《居民小区二次供水设施提标改造工程实施方案》，对抄表到户的居民小区作出如下要求：居民小区生活二次供水设施及小区每户入户管道外墙之前的生活供水管网、农村城市化社区原村民自建建筑物栋水表及之前的生活供水管网移交供水单位统一运行管理和维护更新，相关费用计入水价成本。居民小区加压电费仍按原渠道在物业管理费中列支。

（3）管理模式

到 2021 年年底，将有约 2800 座生活二次供水设施移交给供水单位管理，与供水单位现有的二供供水设施（113 座）相比，增幅将达到 20 多倍。面对如此大量的二次供水设施管理，未来供水单位主要采用"二次供水智慧平台＋区域管理"的模式，依托二次供水智慧平台，抓住业务核心，做好业务管控，将绝大多数二次供水业务委托给专业队伍管理。

第 7 章

风险管控与智能管理

城市供水管网点多面广，影响供水管网水质稳定的因素有很多，需要供水单位总结过往的管网水质危害、水质事故经验措施，对供水管网的运行状态进行事先评估及诊断预判，为供水管网水质的安全运行提供坚实的理论基础，并为在发生水污染事件时供水单位能够快速启动应急响应机制做好准备工作。供水管网水质风险管控是指在供水管网运行管理过程中，对各环节影响因素进行风险评估，并提出相应控制措施，促进饮用水从全流程的水质安全技术保障能力整体提升。通过供水管网水质风险管控，监控供水管网前端、中端、末端水质的变化，促进整体管网运行管理工作的优化，有效保障供水系统全过程的前后联动，以全局视角管控供水管网运行管理全过程。常见的水质风险管控方法包括水安全计划（WSPS）、危害分析及关键控制点（HACCP）等，都是基于在全面梳理供水系统的基础上，识别、评估供水系统存在的风险，并提出相应的控制措施，实施预防为先的质量安全管控，从而提高了供水水质安全保障的风险管控方法。

国内供水单位对供水管网的管理大多是被动的静态管理模式，近 10 多年来，供水单位对供水管网的数字化、信息化管理做了大量工作，中大城市基本实现了管网资料的数字化，大城市大多初步建立了管网信息化管理系统，包括地理信息系统、在线监测系统、外勤运维管理和模型系统及科学调度系统。但问题仍然不少，被动管理的现状没有彻底改观。因此，亟需建立智能管网科学管理系统，实现供水管网科学管理的最高境界——智能化管理。智能管网管理是针对供水管网的科学管理需求，融合地理信息系统、在线监测系统、智能水表、电子标签、水力水质模型和科学调度系统等硬件和软件平台达到数据实时采集传输、深度挖掘利用和智能分析决策的目的。智能管网管理充分利用生产运行过程中产生的大量数据，对水质进行智能分析和评价，实现供水过程的数据共享、信息互通、决策支持与运行优化，对饮用水安全保障实现精准的风险管控，弥补了静态管理模式的被动性，不断加强各种水质安全隐患的排查，做到预防为主，防患于未然，从而提高供水管网水质运行管理水平，保障供水安全。

7.1 供水管网水质风险管控

7.1.1 供水管网运行管理过程中影响水质的主要风险

1. 输配水过程主要风险

（1）常闭阀门或供水分界处阀门误开启，导致水力条件改变，有死水进入造成污染。

（2）排泥阀、排气阀因周边存在污染源或未做排泥湿井而受污染。

（3）减压阀管理不当，供水管网因压力突变而导致破损，污染物进入其中。

（4）施工通水前排放不当或不充分，导致污染物未能完全排出。

（5）新建管道施工污染，未能够规范冲洗消毒导致大肠菌群、重金属污染。

（6）使用了材质不合格的涉水管网设施导致附着物等脱落以及重金属等污染物析出或者外来大肠菌群污染。

（7）因管道及其附属设施老化或腐蚀引起的污染。

（8）部分管道仍在使用 PVC 管材，PVC 管材胶粘剂的主要成分是四氢呋喃和丁酮，管材粘合不规范导致异臭。

（9）消火栓、预留管、末梢管等滞留水水龄过长，导致大肠菌群、重金属超标污染。

（10）水压突变导致周边污染物进入供水管网。

（11）消防与生活系统分离不彻底，导致消防段的死水进入，造成大肠菌群污染。

（12）建筑供水系统中有污染物进入，并从入户管进入市政供水管网扩散，造成污染。

2. 二次供水过程主要风险

（1）高温加速高位水池存水的余氯衰减，存在微生物超标风险。

（2）二次供水设施周边存在渗水坑、垃圾等污染源。

（3）水池（箱）清洗消毒不及时、不合规，导致污染物残留其中。

（4）饮用水在水池（箱）中停留时间过长，余氯衰减存在生物超标风险，也容易造成浊度超标。

（5）二次供水设施材质不合格，导致重金属超标。

（6）工程施工未按规范操作，造成污染物或受污染的水进入二次供水系统。

（7）污染物通过贮水设施人孔、溢流孔、排气孔而造成污染。

7.1.2　供水管网水质风险控制

应充分利用信息化手段实现供水管网的科学布局，合理规划在线监测点，监测指标一般应包括浊度、pH、余氯、压力、流量等。

应基于管网模型评估供水管网施工作业对供水管网水质的影响，提前采取措施防范水质风险。

管材及附配件选择应符合《生活饮用水输配水设备及防护材料的安全性评价标准》GB/T 17219—1998 及《优质饮用水工程技术规程》SJG 16—2017 等相关标准的要求，在采购时应配备临时封堵等附件设施，在运输、堆放、搬移过程中要注意做好保护，防止封堵脱落或损坏，施工使用前不得拆除，防止污染物进入管路系统造成水质污染。

应及时发现并处置危害供水管网安全运行和污染供水管网水质的行为。对可能会造成供水管网水质污染的区域，如垃圾站、菜市场、油站等周边区域，应加强巡检并做好记录，必要时进行改迁。

应制定规范的维抢修作业操作流程。施工过程中，应严格遵守操作流程，防止造成供水管网水质污染；供水管网受到污染时，修复后应冲洗消毒并排放，并经水质检测合格后方可通水。

应定期梳理供水管网水质风险点，制定供水管网冲洗排放计划，保障水质安全。

7.1.3　基于 HACCP 理念的水质风险管控体系构建案例

1. HACCP 基本概念介绍

HACCP 全称为 Hazard Analysis and Critical Control Points，即"危害分析及关键控

制点"。HACCP是国际上共同认可和接受的食品安全保证体系，是一种评估危害和建立控制体系的管控工具。在供水行业，HACCP得到世界卫生组织（WHO）的高度肯定，多个先进国家和地区的供水厂已采取HACCP体系用以确认饮用水安全。通过对饮用水生产处理、供应全过程各个环节进行危害分析，找出关键控制点，并制定科学合理的监控措施、纠偏措施、验证程序和记录体系，及早发现并处置水质危害，实施预防为先的质量安全管控，从而提高了供水水质安全保障。

HACCP旨在构建供水系统全流程的风险管控理念，本手册以南方某市的供水管网为例，描述如何通过HACCP实施供水管网中的水质风险管控，HACCP实施流程见图7-1。

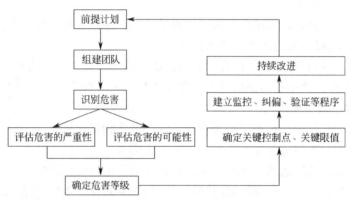

图 7-1   水质风险评估与控制流程图

2. HACCP 实施步骤

（1）水质危害的识别

水质危害指对健康有潜在不良影响的生物、化学或物理因素。水质危害识别是对供水系统每个工艺环节可能引发的水质危害进行全面识别，并综合考虑水质危害发生的可能性和后果的严重性，其中，可能性表示水质危害发生的概率，严重性表示水质危害可能产生的水质影响的严重程度。再采用定量或半定量化的方法，对可能性与严重性分别分成若干级，且进行赋值。在对水质危害的可能性及严重性进行赋值后，二者的乘积为危害值，是综合反映水质危害可能性和后果严重性的数值。根据危害值的不同，找出显著危害。同时，需要对全部列举出来的水质危害制定控制措施，如果欠缺有效的控制措施，应及时补充建立和完善管理手段。对于发生概率很低或风险度不高的水质危害，可能会疏忽，但对于开展HACCP的企业而言，要求有全面的风险梳理和应对措施，无一例外，从而确保了体系的严谨性和有效性。

南方某市供水管网水质危害可能性、严重性危害等级情况见表7-1。

（2）水质危害的控制

对识别出来的显著水质危害，应提高关注度，还应通过CCP判定树等方法，判定其是否为关键控制点。判定为关键控制点后应建立关键限值，以确保水质安全风险能得到有效控制。同时应制定并实施有效的监控措施，使其处于受控状态。并应对每个关键限值的偏离制定纠偏措施，以便在偏离时实施。当监控结果发生偏离时，应立即采取纠偏措施。当监控结果反复偏离时，应重新评估相关控制措施的有效性和适宜性，必要时予以改进并更新。

关键控制点的显著危害、控制限值、监控措施、纠偏措施等信息，应一一对应汇总，形成 HACCP 计划表，用以具体指导运行管理。

南方某市供水管网的水质危害识别及控制措施见表 7-2。

3. 持续改进

通过 HACCP 体系，与供水单位、供水管网、供水系统全过程的运行管理实际进行反复融合、交汇，推动供水单位实现水质指标双向追踪，通过分析前端、末端水质变化反馈促进水质净化工艺优化，实施精准控制，形成管理合力，持续完善供水系统全过程水质风险管控。

南方某市供水管网水质危害赋值及等级说明　　表 7-1

可能性/严重性等级	可能性/严重性赋值	可能性等级说明	严重性等级说明
高	5	几乎能肯定，如每日一次	灾难性的，对大量人群有潜在的致命危险
较高	4	很可能，较多情况下发生，如每周一次	很严重，对少量人群有潜在的致命危险
中	3	中等可能，某些情况下发生，如每月一次	中等严重，对大量人群有潜在危害
较低	2	不大可能，极少情况下才发生，如每年一次	略微严重，对少量人群有潜在危害
低	1	罕见，一般情况下不会发生，如每五年一次	不严重，无影响或未检出

南方某市供水管网水质危害识别及控制措施　　表 7-2

序号	节点	受控或增加危害和潜在危害	涉及风险指标	评分			控制措施
				可能性	严重性	分值	
1	供水管网	1. 管道存放不当受污染	感官	2	2	5	1. 加快工程安装周期；2. 管材堆放期间用管堵进行临时封堵
			化学	2	2	4	
			微生物	2	2	4	
		2. 新铺设管道施工污染，未能够规范冲洗消毒导致水质指标超标	感官	3	3	7	1. 对未启用的新敷设管道末端进行封口；2. 严格按相关要求通水前对新敷设管道进行冲洗消毒；3. 通水前排放至水质检测合格
			化学	2	2	7	
			微生物	2	2	7	
		3. 供水管网新建、改造及维抢修等施工通水前排放不当或不充分，导致污染物未能完全排出	感官	3	3	9	1. 规范管道、阀门、消火栓、水泵、水表等管网设施的维护、抢修行为，包括施工人员卫生管理；2. 通水前排放至水质检测合格；3. 监测管网末梢余氯水平，确保管网水适宜的抑菌能力
			化学	2	3	6	
			微生物	2	3	7	
		4. 不规范的通水行为导致管壁附着物、锈蚀物脱落	感官	2	3	6	严格控制通水时阀门的开启顺序及速度，通水后应排放至水质检测合格
			化学	2	2	5	
			微生物	2	2	4	
		5. 施工工地的不规范行为导致的污染	感官	3	3	9	1. 做好各施工项目施工前的交底工作；2. 签订管线保护协议；3. 加强对施工工地的巡检和记录
			化学	2	3	7	
			微生物	2	3	6	
		6. 建筑供水系统中有污染物进入，并从入户管进入市政供水管网扩散，造成污染	感官	2	2	4	加强止回设施管理、停水管理、通水前排放
			化学	2	3	5	
			微生物	2	2	4	
		7. 水压突变导致周边污染物进入供水管网	感官	2	2	4	加强供水管网压力管理、供水管网检漏等
			化学	2	2	4	
			微生物	2	3	4	

序号	节点	受控或增加危害和潜在危害	涉及风险指标	评分			控制措施
				可能性	严重性	分值	
1	供水管网	8. 使用了材质不合格的管材造成的污染	感官	2	2	5	1. 要求集团投资项目必须在集团预选供应商中采购管材;2. 进场管材必须提供合格证、检测报告及采购单据;3. 根据情况对管材进行抽检,送第三方检测
			化学	2	3	7	
			微生物	2	3	5	
		9. 因管道老化或锈蚀引起的污染	感官	3	3	8	加强新敷设管道的防锈蚀管理,并在供水管网维修改造过程中对现状管道内防腐情况进行检查,制定管网设施更新计划
			化学	3	3	7	
			微生物	2	2	6	
		10. 预留管、末梢管等滞留水水龄过长	感官	3	3	7	加强末梢管网的水质监测,定期排放、优化设计及供水管网改造等
			化学	2	3	6	
			微生物	3	3	8	
2	阀门	1. 常闭阀门或供水分界处阀门误开启,导致水力条件改变,滞留水混入供水系统造成污染	感官	2	3	6	加强阀门管理,对常闭阀门上锁,避免误开启
			化学	2	3	5	
			微生物	2	2	5	
		2. 减压阀管理不当,供水管网因压力突变而导致管道破损,污染物进入其中	感官	2	2	4	规范减压阀管理,加强巡查及供水管网检漏力度等;加强余氯和浊度监测,掌握水质的动态变化
			化学	2	2	4	
			微生物	2	2	4	
		3. 使用了材质不合格的阀门造成的污染	感官	2	2	3	严格把控管材选购
			化学	2	2	4	
			微生物	2	2	3	
		4. 阀门更换或维修等导致外来污染物或被污染的水进入供水管网	感官	2	3	7	1. 规范管道、阀门、消火栓、水泵、水表等管网设施的维护、抢修行为,包括施工人员卫生管理;2. 通水前排放至水质检测合格;3. 监测管网末梢余氯水平,确保管网水适宜的抑菌能力
			化学	2	2	5	
			微生物	2	3	6	
		5. 因排泥阀、排气阀周边存在污染源或未做排泥湿井而使污染物进入供水系统	感官	2	2	4	加强排泥阀、排气阀的巡查,发现其周边存在污染源或未做排泥湿井时尽快整改
			化学	2	3	4	
			微生物	2	2	5	
3	消火栓	1. 消火栓连接管直接与区域供水主干管连接	感官	2	2	4	定期排放、优化设计及供水管网改造等
			化学	2	2	3	
			微生物	2	2	3	
		2. 使用了材质不合格的消火栓造成的污染	感官	2	2	4	1. 要求集团投资项目必须在集团预选供应商中采购消火栓;2. 进场消火栓必须提供合格证、检测报告及采购单据
			化学	2	2	4	
			微生物	2	2	4	
		3. 消火栓更换、维修等导致外来污染物进入供水管网	感官	2	2	5	1. 规范管道、阀门、消火栓、水泵、水表等管网设施的维护、抢修行为,包括施工人员卫生管理;2. 通水前排放至水质检测合格;3. 监测管网末梢余氯水平,确保管网水适宜的抑菌能力
			化学	2	2	4	
			微生物	2	2	4	
		4. 消火栓连接管段水龄过长	感官	2	2	6	定期排放、优化设计及供水管网改造等
			化学	2	3	5	
			微生物	2	2	4	

续表

序号	节点	受控或增加危害和潜在危害	涉及风险指标	评分			控制措施
				可能性	严重性	分值	
4	二次供水设施	1. 设备故障或多台水泵同时跳闸	感官	2	2	4	定期做好设备检修。实现远传监控平台
			化学	2	2	3	
			微生物	1	2	3	
		2. 污染物通过贮水设施人孔、溢流孔、排气孔进入水池(箱)而造成污染	感官	2	3	7	加装防蚊网、人孔上锁,泵房独立分隔管理,加强监控,定期维护。发现水质异常等情况及时进行排放等
			化学	2	3	6	
			微生物	2	3	8	
		3. 工程施工未按规范操作,造成污染物或受污染的水进入二次供水系统	感官	3	3	8	严格按照规范施工
			化学	2	3	6	
			微生物	2	3	6	
		4. 消防与生活系统分离不彻底,导致消防段的滞留水进入饮用水系统,造成污染	感官	3	3	7	规范相关设计,将消防系统与生活用水分离改造。加强水质监控工作
			化学	2	2	5	
			微生物	2	2	6	
		5. 二次供水设施材质不合格	感官	2	2	5	严格把控管材选购
			化学	2	3	6	
			微生物	2	3	4	
		6. 高温加速高位水池存水的余氯衰减,存在微生物超标风险	感官	2	2	5	做好天面水池隔热降温工作,加强水质监测工作
			化学	2	2	4	
			微生物	3	3	8	
		7. 饮用水在水池(箱)中停留时间过长,易导致相关水质指标超标	感官	2	3	6	优化水池(箱)的水力设计及改造,加强水质监控及水池(箱)清理工作等
			化学	2	3	6	
			微生物	3	3	9	
		8. 二次供水设施周边存在渗水坑、垃圾等污染源	感官	2	3	5	保持泵房周边环境卫生处于良好状况
			化学	2	3	6	
			微生物	3	3	8	
		9. 水池(箱)清洗消毒不及时、不合规,导致污染物残留其中	感官	2	3	6	定期对水池(箱)清洗消毒并做好记录,加强消毒剂采购管理及水质监控,并查验水质检测报告
			化学	2	3	7	
			微生物	2	3	7	
5	水表节点	1. 水表节点处未安装防倒流(止回)设施或防倒流(止回)设施故障	感官	2	2	5	1. 定期检查水表节点,并更换故障设备;2. 禁止表后连接其他水源
			化学	2	2	3	
			微生物	2	2	4	
		2. 水表更换过程等导致外来污染物进入供水管网	感官	2	2	5	1. 装表前冲净管件配件内的沉积物,并查水表等内有可能带进的杂物;2. 规范管道、阀门、消火栓、水泵、水表等管网设施的维护、抢修行为,包括施工人员卫生管理;3. 通水前排放至水质检测合格
			化学	2	3	5	
			微生物	2	2	5	

7.2　智能管理体系建立

供水管网管理的目标是实现科学管理,保障供水安全、降低供水能耗、提高供水效益。随着生活水平的提高,人们对水质的要求也越来越高,因此城镇供水管网在保障优质供水、改善供水服务的同时,更应保障供水管网中水质的稳定。目前全国仍有大量使用服务期限超过 30 年和材质落后的供水管网,导致供水管网水质合格率较出厂水降低;管道漏损严重,"爆管"现象频发,甚至引起全城停水;二次供水设施以屋顶水箱和地下水池为主,部分设施卫生防护条件差,疏于管理,水质二次污染风险突出,严重影响城镇供水安全。智能管理是解决上述问题的有效手段。

7.2.1　供水管网地理信息系统

地理信息系统(Geographic Information System,GIS)是在计算机硬件、软件系统的支持下,对有关地理分布数据进行采集、存储、管理、运算、分析、显示和描述的综合技术系统。建立城市供水管网地理信息系统,能够实现供水管网图形数据和属性数据的计算机录入、修改;对管线及各种设施进行属性查询、空间定位以及定性、定量的统计和分析;对各类图形(包括管线的横断面图和纵断面图)及统计分析报表显示和输出;除此之外,还为爆管、漏水事故的抢修、维修提供关闸方案及相关信息,从而基本实现供水管网的信息化管理。通过 GIS 强大的综合信息处理和空间分析能力,不仅可以管理水质信息的属性数据,而且可以对供水管网基础数据进行更加充分的挖掘、分析和利用,便于水质建模与可视化。GIS 可与水质诊断评估系统等水质管理系统相融合,能清楚地反映水质的优劣及其空间变化规律,显示和分析污染源分布,追踪污染源来源,为供水管网水质稳定运行管理提供强有力的信息支持,在安全优质供水保障中发挥巨大的作用。

供水管网地理信息系统的功能组成如图 7-2 所示。

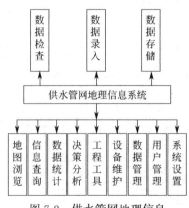

图 7-2　供水管网地理信息
系统功能组成

供水单位应建立供水管网地理信息系统,对管网信息及其属性数据进行采集、处理、存储和管理,包括管网系统所在地区的地形地貌、地下管线、阀门、消火栓、检测设备、泵站等图形及数据,并按管径分层开发和管理。供水管网地理信息系统与其他关联系统间所用图例等应统一并可以进行共享,应及时进行维护和数据更新。

1. 现有属性核实

目前，国内的供水单位关于供水管网地理信息系统的管理，往往更重视数据的更新，而易忽略入库数据的质量。供水管网地理信息系统的数据存在数据缺失、数据错误（空间位置错误或者属性信息错误）、拓扑连接错误等问题，这些有问题的数据将会影响一线人员的日常工作与管理人员的决策。因此，需要通过有效的数据核查手段将供水管网地理信息系统中现有的属性进行纠错核对，为供水管网智能管理系统搭建提供支撑。

（1）供水管网属性数据分类

根据管网设施类型的不同，供水管网的静态属性也有所不同，具体供水管网的静态属性数据见表 7-3。

供水管网静态属性数据　　　　表 7-3

类型	属性数据
节点	点坐标、节点名称、节点详细类型、高程、节点编号、埋深、所在道路
管线	管线编号、所在道路、管材、管径、埋深、竣工日期、施工单位
阀门	坐标、阀门编号、阀门开关度、所在道路、竣工日期、阀门类型、口径、生产厂家、高程、埋深
消火栓	坐标、消火栓编号、所在道路、高程、竣工日期、口径、生产厂家、数量
水表	坐标、用户编码、立户日期、口径、高程、埋深、所在道路
水泵	水泵编号、水泵名称、型号、生产厂家、使用状态、所在道路
流量监测点	坐标、埋深、高程、口径、最大流量、通信方式、安装时间
压力监测点	坐标、埋深、高程、通信方式、安装时间
温度监测点	坐标、埋深、高程、通信方式、安装时间
水质监测点	坐标、埋深、高程、通信方式、安装时间

（2）属性数据核查手段

城市供水管网属性数据核查方法主要包括现场调查、竣工图纸的竣工测量与管网普查。

1）对于建设年代久远，无竣工图资料的供水管网，采取探测技术手段采集管网的空间数据与属性数据，其中管网建设年代属性可采取现场调查的方法获取。

2）对于近些年更新改造的供水管网，收集竣工图纸，开展竣工测量，获取管网点线表数据，可快速地完善管网属性信息。

2. 数据动态更新

由于地理信息系统对数据有严格的要求，需要大量数据作为系统底层支撑，同时需确保数据的准确性，保障系统使用。因此，供水管网地理信息系统要配备完善的管理制度和专门岗位录入数据，确保数据的准确性、时效性，保障系统正常运行。根据供水单位业务，供水管网地理信息系统涉及部门包括售水公司、营业所、施工部门、测绘部门、数据录入部门、档案管理部门、信息化部门等；涉及工程包括新建工程、改造工程、报废工程、维抢修工程等；涉及供水设施包括管道、泵站、阀门、流量计、消火栓、检修井等。相应部门完成所负责事务，按需设置专管岗位，制定岗位职责，对各类工程梳理工作流程，进行数据测绘、审查、移交、校核和录入，确保数据更新的及时性和准确性，便于及时调整水质监测点，定期统计总结水质事故的相关信息，在较易于发生水质问题的区域增设水质监测点，预防水质问题的发生以及在水质问题发生后能够准确及时地定位事故发生地。

3. 运行信息关联

为贯彻执行我国信息化建设"统筹规划、国家主导、统一标准、联合建设、互联互通、资源共享"的指导原则，供水管网地理信息系统与其他相关应用系统应统一、共享，主要包含如下几项：

（1）供水管网地理信息系统与智能水表系统结合。智能水表在国内各大中城市的试点工作已基本铺开，智能水表推广也成为供水单位未来发展的一大方向。基于智能水表物联网、坐标定位、远程数据传送的技术特性，和供水管网地理信息系统的联系应是非常紧密的。发展智能水表系统时，不应只着眼于智能水表系统本身，应将两个系统结合起来，相互促进，对两者未来发展都会很有帮助。

（2）供水管网地理信息系统与生产调度系统结合。生产调度系统对自来水生产、输送进行统一把控和科学调度，与供水管网地理信息系统结合后，能够为调度人员提供详细的管网拓扑信息，帮助进行更科学的调度。

供水单位中的维抢修工单系统涉及位置定位、设施维修，将两者结合，一方面提供移动定位，可通过定位查看抢修人员附近供水管网的基本数据情况，并针对作业进行基础数据分析，及时做出有效决策，方便维修人员进行抢修作业；另一方面将抢修信息与供水管网资产信息关联，可通过维抢修工单系统上报，及时记录供水管网的状况。同时，通过抢修数据与供水管网地理信息系统数据关联，可以实现供水管网的运维全生命周期管理，形成供水管网/抢修地图直观展示，分析供水管网中漏水、水质污染事件高发管段等，对掌握、分析供水管网情况以及辅助抢修、规划提供帮助。

（3）供水管网地理信息系统与移动抄表系统结合。移动抄表系统是抄表员使用移动终端抄表的移动应用系统，可以进行抄表数据的远程传输，与营业收费系统相连。移动抄表数据能为地理信息拓扑提供水量数据，为自动计算供水管网运行模型提供可能。

（4）供水管网地理信息系统与管网建模结合。通过构建管网模型，能够较准确地模拟供水管网运行情况。管网模型基础数据包含两方面内容：一是管网拓扑数据，二是水量数据。供水管网地理信息系统与管网模型结合能够简化建模工作，同时为模型提供最新的管网拓扑数据。

7.2.2 供水管网外勤业务管控系统

外勤业务管控系统根据供水管理范围、外勤业务范围进行梳理，以智慧水务为方向，以加强供水保障为目标，相关的业务系统、集成系统、支撑系统主要包括巡检系统、维修系统、表务系统、设备设施维护系统和外部接口系统。搭建供水管网外勤业务管控系统能够加强对供水管网及其附属设施的管理，增强巡检人员现场处理应急状况的能力，最大限度地减少因管道维护、水质污染、爆管应急抢修等给正常的生产、生活用水带来的影响。管理人员可实时获取外业人员的现场工作信息，在对外业人员绩效考核、人员管理等方面都有较好的管理措施。供水管网外勤业务管控系统大大提高了城市供水的科学性和应急处置能力，优化供水调度机制，保障了供水安全。系统主要功能有移动端 GIS 功能、任务工单管理功能、外业人员管理功能、综合门户人员登录管理功能等。

1. 管网智能巡检

传统管网巡检工作基本依靠老员工的经验，存在巡检工作缺少监督且效率低下、巡检计划的制定缺少科学指导、巡检台账的记录缺少真实性、巡检工作无法现场指导等缺点，而智能巡检则能极大地提高巡检效率和记录的准确性。

（1）管网巡检模块功能分析

管网巡检业务模块主要分为两大功能：巡检管理功能和移动 GIS 终端操作功能。其中，巡线计划制定、巡线工单审核、巡线结果查询由管网管理人员在网页端实现。通过历史巡检结果的统计分析，将水质问题多发时间段和地理位置及时添加到日常巡线任务中。管网现场巡线人员通过移动端完成巡线任务接收和巡线任务反馈。管网巡检业务模块框架设计如图 7-3 所示。

（2）管网巡检工作流程

1）任务派发

管理人员分析上一阶段巡检情况后，制定水质巡检计划，包括巡检周期、区域、内容、必检点等信息，生成日常巡检任务，将其发送到户外水质巡检人员的手持设备上（包括该区域的基础地形图和管网设备图）。

2）任务接收

每个户外巡检人员配备一台智能手持设备，巡检人员登录移动终端设备查看巡线任务，下载巡线工单，并且打开移动端 GPS 定位功能，利用

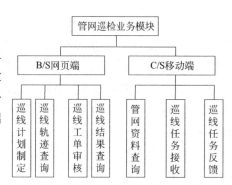

图 7-3　管网巡检业务模块框架

移动终端设备查看需要巡检的水质自动监测站、管线或者设备的属性信息以及该区域的管网分布和基础地形情况。

3）事件上报

户外巡检人员巡检后，在移动终端设备上完成水质巡线信息的记录后点击提交。巡线记录会自动保存至数据库，并呈现在网页端。如遇水质异常、管线或者设备漏损、破坏等异常情况，巡检人员可直接在手持设备上依据现场情况填写资料、拍摄现场照片并上传事件信息，由管理人员处理，生成维修工单，按照管网维修流程进一步处理。

4）事件审核

管理人员可以对事件进行审核，判断事件的处置情况。具体流程见图 7-4。

2. 管网智能维护

（1）管网维护模块功能分析

维护供水管网的设施，使其经常保持完好状态的工作。主要包括：管道的清垢和防腐、防止供水管网污染、管道的检漏和修漏、附属设施和配件的养护和检修、事故抢修和旧管道或配件的更新。

1）通过手持设备，将各种业务数据、媒体数据实时传递到公司服务器，为管理决策提供有效快速的数据支持。

2）查看工作计划（计划、派单、交办等）、上下班管理（服务端可以看见每个现场人员的在线状态等）、隐患养护的查询、上报各种隐患信息等。

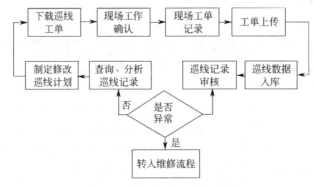

图 7-4　管网巡检工作流程图

3）可以对巡查过程中的隐患点进行检修，并通过系统回发给公司服务器，通过 Web 系统展现、统计等，包括各种隐患类型、地址描述、隐患描述、媒体信息（照片、录像）、地理信息位置 GPS 定位，即可及时在公司监控屏幕上显示位置与信息。

4）通过各种来源如客户报修、投诉、管线养护计划等自动或人工生成巡检养护工单或计划，通过服务器发送给在外作业人员的 PDA 设备，利用本功能工作人员可以实时接收任务并完成各种工作安排。

5）可以完成基于移动 GIS 的现场图形浏览辅助应用、现场阀门卡应用、现场 GPS 定位与信息采集应用等。

（2）管网维护工作流程

1）Web 系统根据养护计划自动或人工生成养护工单（来源可能是客户报修、计划、特殊情况等），审核养护工单后，派发给现场养护人员。

2）现场养护人员通过手持设备（PDA、笔记本等）获取养护工单，开始养护操作，并进行拍照、填写养护记录等，通过 PDA 系统上传，完成现场养护工作。

3）Web 系统获得完成养护通知后，通知工作督办审核人员进行审核，如审核未通过，继续通知现场养护人员再次执行现场养护，否则结束本工单，并通过系统自动通知现场养护人员本工单已经完成，最终归档。

3. 管网智能维修

（1）管网维修模块功能分析

1）管网资料查询功能

供水管网的基础资料信息不仅能在网页端实现，还能在手持终端实现。现场管网维修工作人员可以直接浏览供水管网数据，查询供水管网属性信息，在 GIS 移动端可以查询到所选管段的长度、所在道路、管材、管径、施工单位、竣工日期、录入日期等。

2）维修工单派发和审核功能

维修工单的派发和审核在 B/S 网页端实现。管理人员创建好维修工单之后，通过无线网络传输到维修人员的移动端上，并对反馈回的维修工单进行审核。

3）维修工单接收和反馈功能

维修工单的接收和反馈在 C/S 移动端实现。维修人员在移动端上接收维修工单，在完成现场工作后，直接在移动端上进行维修工单填写，最后提交发送，系统将维修工单内容传输到数据库。

4）人员 GPS 定位功能

手持终端设备中内置 GPS 定位功能，现场工作人员可以在 GIS 管网图上定位当前位置，方便快速找出周围管线。管理人员可以在网页端查看外业人员实时位置和工作轨迹。

5）维修台账查询功能

管网维修事故处理完成后，通过手持终端设备将维修信息传到数据库，管理人员通过 B/S 网页端审核维修工单处理情况，并查看维修台账，从维修台账中可以获取管网设备动态数据的变化：开始维修时间、关阀止水时间、恢复通水时间、维修完成时间、维修人员、修理方法、现场照片等，并且维修台账能以 Excel 报表形式导出，方便相关工作的处理。

（2）管网维修工作流程

1）维修工单生成

供水管网维修工单一般有两个来源：

① 社会大众通过电话、热线等方式直接上报的供水事故，如水质变色、有异味、井盖丢失、消火栓破坏、供水管网漏水等，一旦经巡检、检漏人员确定即可生成维修工单；

② 巡检人员在日常的计划性巡检和临时性巡检过程中，发现并上报的供水管网事件，可马上生成维修工单。

2）维修工单派发

维修工单生成后，管理人员可通过电话、短信的方式根据区域、事件类型等进行维修工单派发，如水质变色、有异味、管道漏水等事件维修工单派发给维修部门，井盖缺失、消火栓撞坏、阀门井堆埋等事件维修工单派发给养护部门。

3）维修工单处理

维修、养护部门在接到维修工单后，依据系统自动计算出的就近人员名单进行派单。为防止供水管网破损和施工造成的水质污染，根据现场情况若无需关闭闸门，则尽量带水作业，一方面保证环状管网下游用户水量和水压的充足，另一方面可最大限度地阻挡污染物的进入。在完成工作后，向各个直属管理部门申请维修工单销单。巡检人员确认无误后，此维修工单即可终结，并将维修结果回传到相应的上报单位。现场作业人员在完成现场工作后，可以直接通过智能手持机填写工作内容并选择发送，系统自动将工作内容传输到后台管理平台系统。

4. 管网智能停水

随着供水管网规模的扩大和供水系统内各类设备不断增多，为保证供水的稳定性和水质的安全性，设备维护、设备检修、二次供水水池清洗及工程实施造成的停水也相应增多。但在停水和维修的过程中，管内进入污染物的可能性增大，尤其是进行管段连接和管道设施安装等环节时，管口处于敞开状态，污染物更容易进入管道。若施工结束后未及时清理管道就并网运行，也会将污染物扩散。所以，需要建设停水管理系统，安全、合理、有序地安排供水管网停水，提高供水管网爆管分析处理的效率，缩短停水恢复时间，减少停水损失，实现停水程序的正规化。

供水管网停水关阀过程的主要操作流程如下：

（1）产生停水关阀方案

    首先要借助 GIS 系统，找到供水管网中爆漏点管段或者是需要维修的管段的位置。可在图形中点击需要进行分析的故障管段，系统会自动分析出关闭周边相关阀门的最优方案，并且用不同的颜色来表示受此次停水关阀所影响的范围和程度（例如通过粉红色和红色分别表示受影响管线和故障管线）。通过图形就可以直观地看到爆管位置、需要关闭的阀门以及受影响的区域。阀门关闭人员可通过分析结果来开展相应的关阀操作和爆管抢修工作。

    供水管网发生突发水质事故时，首先将收集到的水质异常数据传输至污染源定位模型，确定污染信息，然后利用软件模拟该污染事故，分析至监测点监测到污染事故的时刻供水管网中已受污染的区域，然后从各被污染的节点出发，追寻包括注污节点在内的所有受污节点控制来水和去水的通路的阀门，以求出最优的关阀方案。

    （2）扩大关阀分析

    当现场关阀操作人员发现某台阀门因损坏导致无法关闭，或者是在停水过程中遇到问题，需要进行扩大关阀的操作时，操作人员可自定义需要扩大的范围，进一步分析拓展区域范围内需要关闭的阀门以及受影响的区域。按需要生成相关的工作单并进行报表统计，以便报上级部门或者现场操作使用。同时列出此次关阀操作的阀门编号、口径、详细地址及关闭顺序，并在受影响的范围内搜索出客户信息和联系方式，方便客服人员及时通知客户，防止对客户造成不必要的经济损失。

    （3）现场问题反馈

    如果发现现场操作与实际关阀情况不吻合时，需要进行问题反馈。如果是管线连接有问题，则需要通过系统及时将出错信息返回调度部门，并提供给相应部门尽快修改出错管线；如果管线连接正确但阀门有问题，则需要通知维修人员进行维修或者更换阀门，现场维修人员在维修完毕后，上传维修记录给管理人员进行设备档案资料更新。

7.2.3 供水管网数学模型评估系统

1. 供水管网水力模型

    对供水管网的水力模拟是对供水管网进行建模，然后搜集并输入供水管网的工作运行信息和数据，利用模型仿真计算供水管网的动态工况，包括对管网节点用水量随时间变化、管道流量和压降、管网漏失率以及水泵、阀门等构件的水力特性的动态工况进行模拟。采用供水管网典型节点的流量和压力实际监测数据，对模型进行率定。通过这些动态模拟，可以分析整个供水管网运行的水力特性以及对未来各种不利因素（如漏失率、爆管率等）进行有依据的预测。

    （1）供水管网水力模型的建立要做好以下几个步骤和工作：

    1）收集供水管网信息：包括供水管网自身属性的静态信息和供水管网运行时的动态信息。

    2）供水管网建模：根据模拟的目标以及建模的目的，简化供水管网并建立管网模型拓扑关系图，输入供水管网的静态和动态信息，根据管网基本方程建立管网水力计算的基本方程组并且建立模型的工作条件和边界约束信息。

    3）模拟仿真计算：通过求解管网模型方程组在不同工况下的用水量分配数据对供水管网进行模拟计算，得到不同工况下各管段、节点以及水源和泵站等的水力动态参数。

    4）模型校核检验：通过分析水压监测点数据或者历史工况与模型仿真计算值的误差，

对建立的模型进行校核和验证，使其符合实际和精度要求。供水管网水力模型只有经过系统和全面的校核检验，才能使仿真值真正符合供水管网的实际运行情况，才能充分发挥模型的作用。模型出现误差的原因或需要校核的管网信息主要包括以下几个方面：对节点用水量的校核，包括对平均用水量和用水量变化系数的校核；对管段粗糙系数或阻力系数的校核；对供水系统模型的校核，包括对模型数据信息和图形信息的校核；对管网设备工作特性曲线的校核，如阀门、水泵等。

5）模型水力分析：在模型校核和模拟计算后，根据其计算结果对供水管网进行水力分析，得出有关结论或对存在的问题提出解决方案。如进行管段的水力负荷分析，判断管段流速是否符合经济流速；进行节点水压分析，判断水压是否满足最小服务水头或者压力过大。

（2）供水管网水力模型介绍

EPANET、WATERCAD、WDOC、WatNET、SynerGEE、EPANET 等软件都可以方便地解决成千上万根管段的水力计算问题。其中，EPANET 由美国环境保护总署国家风险管理研究所开发，是对供水管网在一定时间段内的水力及水质状态进行模拟仿真的一个计算机程序。它基于解节点方程方法，可对供水管网不经简化处理直接建模，并且减少计算所需时间和存储单元。根据 EPANET 的平差要求，运用该软件，需要确定管网节点流量，输入管网的管径、管长、管壁的粗糙系数以及供水压力等。管网节点流量的分配是建立管网水力平差模型的关键步骤，关系到模型的精确程度。EPANET 的节点流量可以根据每个节点的服务范围来统计，水头损失可以采用海曾-威廉、谢才-曼宁、达西-魏斯巴赫等公式来计算。EPANET 的水力模拟功能包括：

1）定、变速泵模型建立。

2）计算水泵的能耗和电价。

3）模拟各种形式的阀门，包括截止阀、止回阀、压力调节阀和流量控制阀。

4）模拟水塔的水压，允许水塔有各种形状（如直径随高度变化）。

5）考虑节点的多种用水类别，每个节点都有自己的变化系数模式。

6）模拟从排出口流出的有压流，可用于模拟消防用水、管网泄漏、灌溉等流量与压力相关的情况。

7）供水管网系统模拟能够基于简单的水塔水位或时间控制以及复杂调度规则控制。

关于 EPANET 模型模拟的详细过程可以查阅 EPANET 2 用户手册。

2012 年北京市自来水集团有限责任公司管网管理分公司选择国际上公认的比较成熟的 WaterGEMS（WATERCAD 软件的升级版本）建模软件，根据需要，分别开发建立了 DN600（含）以上管径和 DN400（含）以上管径两套供水管网水力模型。在实际供水管网规划、优化调度，特别是在供水管网实际管理中得到了很好的应用，发挥了重要的作用。例如，将模型应用于 2014 年南水北调进京供水管网水质保证分析工作，准确预判了"南水"进京后，各水厂供水区域及供水管网工况变化情况，据此制定了多项外调水"进京"供水管网水质保障方案及应急处置预案，显著提高了工作效率和工作质量，有效地支持了各项决策的制定，供水管网管理水平得到了明显提高。

2014 年沈阳水务集团有限公司以沈阳主城区为主根据水源运行信息、水泵信息（包括水泵特性曲线和运行时间控制）、管段信息、节点信息（每个节点都设有 24h 的供水模式)及地理信息等进行供水管网水力建模,并以水力模型的结果作为水质模型的输入数据。在已知供水管网各种水力工况的基础上研究供水管网水质状况,建立供水管网水质模型,进行供水管网各种工况水质计算与动态分析。

上海市供水调度监测中心供水管网水力模型系统自 2009 年开始建设,2011 年在原有模型基础上再次进行了合并、简化和精度校验,历时一年建成 2012 年高峰含泵站模型,持续更新维护并应用至今,历经了世博会供水保障等多次实际应用检验。目前中心模型管线覆盖中心城区 14 家水厂、47 座泵站、6700km $DN500$(含)以上管线,拥有 76000 余个节点、80000 个管段。通过水力模型的应用,不仅进一步了解了供水管网系统的运行状况,同时通过各类调度相关模型的应用,为日常调度、应急调度及跨区域联动调度工作提供了科学依据,目前模型系统已经逐步成为调度管理工作的一个有力的决策支持系统。

2. 供水管网水质模型

在供水管网微观水力模型的基础上,收集供水管网主入水口水质监测数据,建立供水管网微观水质模型,实现水龄和余氯等关键水质参数的时空模拟;收集供水管网中间节点和末端节点余氯等监测数据,对供水管网微观水质模型进行率定,提高模型的准确度,为供水管网水质风险的评估提供基础。

(1)建立供水管网水质模型的目的

主要是通过模型的作用来跟踪供水管网水质的变化,更好地评估供水管网水质状况。根据模拟来预测水质变化情况,对选择合适消毒剂、合理投加消毒剂、优化消毒过程、评估运行方案等具有指导作用。通过水质模型可以实现水质状况的实时评估,及时发出报警信号,确定水质不达标区域,为供水管网运行管理提供决策方案。通过供水管网水质模型,结合水力工况,利用反问题方法来解决确定水质污染源等问题。

(2)供水管网水质模型分类

1)按照水力工况不同可以分为动态水质模型、准动态水质模型和稳态水质模型。

供水管网稳态水质模型为供水管网的一般性研究和敏感性分析提供了有效的手段,一般用于供水管网水质分析阶段。但供水管网运行的实际情况很难满足稳态水质模型的条件,管网内的水力状态在现实条件下是变化的,很难达到稳态,所以水质状态就更不可能达到稳态。因此,稳态水质模型仅能提供进行周期性的评估能力,对供水管网水质预测缺乏灵活性,进而发展到了准动态水质模型和动态水质模型。供水管网准动态水质模型只是一个过渡,为了增加模型的灵活性,进而形成了供水管网动态水质模型。供水管网动态水质模型是在配水系统水力工况随时间和其他因素变化条件下(如水池水位的变化、阀门的设置、泵的开启、管段水流方向的改变及突发的水量变化等),动态模拟供水管网中物质的传播和移动,求得管网内全部节点和管段的水质状况,实现对供水管网水质工况的预测显示,为供水管网的水质优化运行提供坚实的基础。

2)参照模拟计算的时间方向不同,划分为正演模型和反演模型。

在已知供水管网水源水质的情况下,正演模型一般是随着时间的推移,计算下游管网的水质情况。反演模型就是推算前面时间段内,供水管网中的水质状况。其中突发污染事件污染源位置的确定是反演模型的主要应用方面。

3)考虑水质模型的考察指标不同,可以将水质模型分为:浊度模型、微生物模型、余氯模型、有毒污染物模型和消毒副产物模型等。

4）水质模型求解方法按照空间形式，被分为欧拉法和拉格朗日法；按照时间形式，被分为时间驱动法和事件驱动法。

（3）供水管网水质模型建立的工作程序

包括分析软件与测试设备的选定、管网拓扑结构的确立、模型参数的实验室和现场测定及模型的校验等。供水单位应统筹规划，合理有序地开展供水管网水质模型的建设工作。

（4）供水管网水质模型介绍

以 EPANET 为例，该模型具有强大的水质模拟能力，可以模拟供水管网中不反应的示踪物质随时间的变化情况、模拟供水管网中能反应的增长物质（如消毒副产物）或衰减物质（如余氯）随时间的变化情况、计算管网的水龄、追踪给定节点到其他节点的百分流量、模拟管道水流及管壁处的反应、可用 n 阶反应动力学模型模拟管道水的反应、可用零阶或者一阶反应动力学模型模拟管壁处的反应、当模拟管壁处反应时能够计算质量传输系数、可以模拟增长或衰减反应达到限定的浓度（如一阶饱和增长模型等），每个管道能用全局反应速率系数来进行设置，即设为相同值、设置相关系数后，可用管道粗糙系数来反映管壁处反应速率系数，允许连续或者集中浓度的物质在供水管网的任意节点的输入，模拟完全混合和柱塞流（先入先出、后入先出）或双层混合等多种混合形式的水塔。

EPANET 强大的水质模拟能力有助于我们开展许多关于供水管网水质方面的研究分析，比如：多水源水在供水管网中混合的情况、余氯衰减的模拟、消毒副产物增长的模拟、跟踪污染物质传播事件。

"十二五"水专项中，清华大学研发的县镇联片管网安全供水技术，通过自主研发的水质模型，模拟供水管网中余氯的降解过程，确定供水管网中水质薄弱点，并以此为基础，确定二次加氯节点，以末梢水质达标为目标，优化加氯量，供水管网余氯浓度、亚氯酸盐和氯酸盐浓度等符合《生活饮用水卫生标准》GB 5749—2006 的规定。

由青岛理工大学、济南市供排水监测中心、济南水业集团有限责任公司等机构共同研制的基于模型的供水管网优化运行控制技术，通过动态水质模拟计算，实现了较为准确地掌握相应水力工况下供水管网典型水质指标的模拟分析。

苏州水务投资发展有限公司研发了城市间协同供水联合调度技术，以水力水质模型为工具，研发了供水管网水力与水质模拟系统软件，主要为现有城市供水片内供水水源单一、水厂缺乏应付突发水质污染的应急处理措施、区域供水干管环网度不够和供水片间联络程度有限的现状提供了解决途径。

（5）模拟的影响因素

供水管网水质模拟计算，是通过对管网模型中的每个元件进行水质模拟计算后，共同组成的。不同的供水管网水质建模目标，使得模型需要考虑不同的水质指标。所以水质模型种类繁多，反应方式各异，不能笼统地论述所有影响水质模型准确性的因素。以供水管网水龄模型和余氯衰减模型为例，其准确性的主要影响因素有：

1）水力模型的准确程度。

2）水质模型反应机理的合理性。目前的机理模型并不一定能够准确地反映指标物质在供水管网中的反应，偏差是普遍存在的。

3）建模指标物质反应变化系数不确定。

4）实测数据的准确程度。

5）校核参数之间的补偿误差。

3. 两种模型的区别与联系

（1）供水管网动态水质模型更适合对供水管网系统水质的传输和变化过程进行研究，因为它考虑了变化的管网水力工况。

（2）供水管网水力模拟系统可以详细表示供水管网系统的水力状态，这样才可以在已知的水力工况条件下，研究供水管网的水质状况，理解供水管网的系统状态，进而讨论供水管网的水质模型。

（3）准确的水力模型是实现水质模拟预测的前提和基础。供水管网水力计算模拟的结果为水质模拟提供数据支持，只有通过水力模型对管网水力工况的准确模拟，计算出各管段的流量、流速，才可能对水质模型进行研究。

由于供水管网水质的变化很大程度是受水力状态的影响，因此建立供水管网水力模型是构建供水管网水质模型的基础。如果想要得到更加准确的水质模型，必须以准确的水力模型为前提。

4. 建模过程可能遇到的困难及解决办法

（1）可能遇到的困难

1）水质指标在供水管网中的反应速率复杂多变，且不能做到每条管段都实测，一般是通过测量少数有代表性的管段，然后估计确定整个管网的水质指标反应速率。例如，每条管段的管壁余氯衰减系数可能都会有变化，供水管网中各个位置的主体水衰减系数也不会完全一致。

2）管网拓扑图中不可能包含实际供水管网中的每条管段。

3）对供水管网水力模型精度有影响的因素不止一个，各因素都会对计算值造成影响，因此就可能形成对模型误差相互补偿的结果。这种误差补偿是一种极随机的现象，管网越复杂这种现象就越难确定。

（2）解决办法

1）尽量把管段进行简化处理，把类似的管道进行归类（如管材、管径），进行分区模拟。

2）将管径小、对水力条件影响也较小的管段进行合并或删减。但有些重要的连接管段或合并后会对下游压力造成明显改变的管段，即使管径很小，也不宜进行删减和合并处理。另外，对于处理后会改变附近管段水流传输方向的管段也不宜进行简化处理。

3）采用多工况校核或延时水力模拟的方法校核模型。

4）实测尽可能多的管网模型校核参数，加强对校核参数的约束。

7.2.4　水质事故诊断预警系统

1. 监测数据

应对管网运行数据信息进行综合分析，通过归纳、比较及演绎等方法，挖掘其与管道水质之间的内在联系，对水质变化进行模拟和预测，并将预测结果与实时监测数据进行比较分析，不断校核预测模型参数，以提高预测精度。

2. 预警系统

预警报警系统是根据设置的预警报警方法对指标进行实时监控报警。点击启动预警报警系统后，可以最小化该窗口，让它处于后台运行状况。程序内部的时钟触发器会自动分析实时监测数据，当达到设定的报警条件时，异常时就会发布黄色警报，超标时发布的红色警报，相关的警报信息会显示在列表中。也可采用声音提醒方式，使用户迅速发现问题，及时处理事故。当用户注意到警报之后可以选择关闭本次的报警声。当出现报警后，可以调用查看实时监测数据功能，了解水质情况。

3. 预警系统功能

水质预警系统包括水质常规指标监测、饮用水中消毒剂常规指标监测、水质非常规指标监测等功能。

（1）水质常规指标主要包括总大肠菌群、菌落总数、色度、浑浊度、肉眼可见物、pH、氯化物、硫酸盐、溶解性总固体、总硬度等常规的微生物指标、毒理指标、感官性状和一般化学指标、放射性指标；

（2）饮用水中消毒剂常规指标主要包括氯气及游离氯制剂、一氯胺、臭氧、二氧化氯；

（3）水质非常规指标主要包括贾第鞭毛虫、隐孢子虫、氯化氰、微囊藻毒素-LR、氨氮、硫化物、钠等，具体监测指标应由当地县级以上供水行政主管部门和卫生行政部门协商确定。

4. 警戒值的确定

《生活饮用水卫生标准》GB 5749—2006 中对每种水质指标的限值都有明确规定，对于 pH 是 6.5～8.5；对于浊度规定为 1NTU，水源与净水技术条件限制时为 3NTU；对于余氯则为管网末梢大于或等于 0.05 mg/L，出厂水浓度上限为 4mg/L、下限为 0.3mg/L。

各水厂出厂水、管网水水质指标警戒值见表 7-4 和表 7-5。其中各级的警戒值上限属于该级，即如色度分为四级，其中一般（Ⅳ级）的范围为 $0 \leqslant X \leqslant 8$，较大（Ⅲ级）的范围为 $8 < X \leqslant 10$，重大（Ⅱ级）的范围为 $10 < X \leqslant 12$，特别重大（Ⅰ级）为 $X > 12$。当任一水质指标处于特别重大（Ⅰ级）范围时，系统报警。

出厂水水质指标警戒值　　表 7-4

项目	《生活饮用水卫生标准》GB 5749—2006	Ⅳ级	Ⅲ级	Ⅱ级	Ⅰ级
色度（度）	15	$0 \leqslant X \leqslant 8$	$8 < X \leqslant 10$	$10 < X \leqslant 12$	$X > 12$
浑浊度（NTU）	1	$0 \leqslant X \leqslant 0.5$	$0.5 < X \leqslant 0.6$	$0.6 < X \leqslant 0.8$	$X > 0.8$
嗅和味	不得检出	—	不得检出		—
菌落总数（CFU/mL）	100	$0 \leqslant X \leqslant 51$	$51 < X \leqslant 64$	$64 < X \leqslant 80$	$X > 80$
总大肠杆菌群数（MPN/100mL）	不得检出		不得检出		—
耐热大肠杆菌群数（MPN/100mL）	不得检出		不得检出		—
肉眼可见物	不得检出		不得检出		—
游离性余氯（mg/L）	$\geqslant 0.3, < 4$	$0.3 \leqslant X \leqslant 2$	$2 < X \leqslant 2.6$	$2.6 < X \leqslant 3.2$	$X > 3.2$

管网水水质指标警戒值　　表 7-5

项目	《生活饮用水卫生标准》GB 5749—2006	Ⅳ级	Ⅲ级	Ⅱ级	Ⅰ级
色度（度）	15	$0 \leqslant X \leqslant 8$	$8 < X \leqslant 10$	$10 < X \leqslant 12$	$X > 12$
浑浊度（NTU）	1	$0 \leqslant X \leqslant 0.5$	$0.5 < X \leqslant 0.6$	$0.6 < X \leqslant 0.8$	$X > 0.8$
嗅和味	不得检出	—	不得检出		—
菌落总数（CFU/mL）	100	$0 \leqslant X \leqslant 51$	$51 < X \leqslant 64$	$64 < X \leqslant 80$	$X > 80$

项目	《生活饮用水卫生标准》GB 5749—2006	Ⅳ级	Ⅲ级	Ⅱ级	Ⅰ级
总大肠杆菌群数(MPN/100mL)	不得检出	—	不得检出		—
游离性余氯(mg/L)	≥0.05，<4	$0.05 \leqslant X \leqslant 2$	$2 < X \leqslant 2.6$	$2.6 < X \leqslant 3.2$	$X > 3.2$

7.2.5　智能管理系统应用案例

1. 供水管网地理信息系统应用实例

深圳市水务（集团）有限公司管网供水排水 GIS 系统通过 GIS 管理方式，对整个区域的供水管网进行区域化、网络化管理划分。利用实时采集的流量、压力、水质等数据，同时结合考核表、户用抄表等数据进行有效的整合，最终实现及时准确地掌握各计量区的供水管网运行情况。系统主要由供水设施、供水管网维护、供水管网评估、排水设施、排水管网维护五部分组成。

2. 供水管网外勤业务管控系统应用实例

深圳市水务（集团）有限公司建立了外业综合管理平台来规范和整合外勤作业的规程，重构公司的外勤作业管理体系，使业务处理可追踪、过程可监控、工作可量化、流程更高效、派单更智能，实现"人在线"的智慧管理。外业综合管理平台的建设，使得信息快速流转、人力高效利用、工效科学评估，流程更加智能化，不仅缩短了事件处理时间，还规范了外业处理程序。

对于停水作业，可通过深圳市水务（集团）有限公司的综合调度平台进行方案管理和方案分析。

3. 杭州水务客户服务工单系统

杭州水务的客服热线系统每天会从多个业务系统中接收到近千条的问题反映，工单的整个过程（派遣—接收—派工—出发—到场—处理—销单）以时间节点为主线，采取实时监控与更新的管理方式，呈现了工单处理过程的动态信息，可以轻而易举地进行查询，如图 7-5 所示。大屏展示可实现座席状况、突发事件动态、数据报表的展示，能够自定义控制、切换，便于后台分析、大屏展示和管理层决策。在特殊情况或者特殊时期，若有某个小区或者片区于短时间内爆发大量类似的反映记录，说明该区域可能需要进行及时的问题排查和抢修，可以通过由数据转化而成的图表立刻分析出。系统的问题反映分布情况界面如图 7-6 所示。杭州水务会持续分析客户反馈的历史情况进行数据的分析和挖掘，最终通过数据分析达到及时维修、改正性能缺陷、适应特殊环境的目的。

4. 水质预警系统应用实例

以深圳市水务（集团）有限公司的供水管网水质预警系统为例进行介绍。该系统以地理数据为基础建立供水管网空间数据库，针对供水管网水质分析、预测、预警功能，设计集成"基于微观水质模型的供水系统水质保障评估模型"和"基于数据驱动的供水系统水质保障评估模型"的平台系统，将后台模型与可视化系统操作界面相结合，发挥模型在实际生产中的作用。

系统的相应功能主要有：基于微观水质模型实现供水管网水龄和余氯等关键参数的水质模拟；分析区域供水系统内的水质污染事故发生概率，进行水质事故预警；基于常规工况与特殊工况下的水质模拟，实现系统水质风险识别，进行风险源定位；根据供水管网风

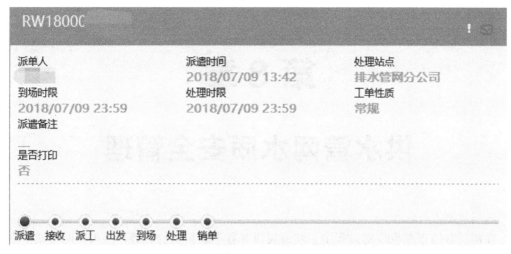

图 7-5　杭州水务工单全生命周期管理

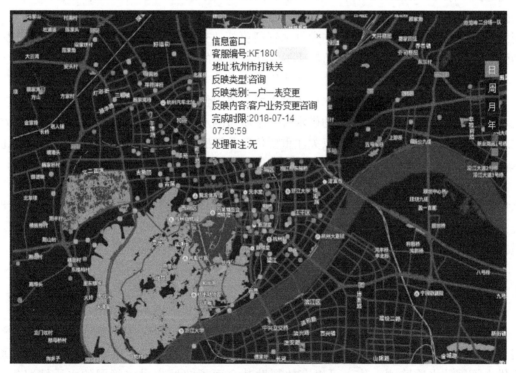

图 7-6　工单问题反映分布情况

险图及水质事故预警的具体内容，针对原水水质突变、供水管网末端余氯不达标、供水管网水质不达标等异常情况，生成对应的保障措施及应对方案，科学控制系统水质风险，合理处理供水管网水质事故。

深圳市水务（集团）有限公司的供水管网水质预警系统主要包括水质监测及数据采集子系统、数据展示子系统、水质预警子系统、模型管理子系统。该系统能对城市供水管网的"红水"与"黄水"水质事故进行预警，从而提高城市供水系统的安全性。

第8章

供水管网水质安全管理

在国民经济不断发展的过程中，城市规模有着不断扩大的趋势，供水管网由城市中心不断延伸至周边，作为一个城市供水系统的关键环节，输配水管网担负着将自来水保质保量输送到千家万户的重任，保障城市供水管网水质安全意义非凡。保障城市供水管网水质安全，除了要求供水单位加强供水管网日常运行管理的方方面面规范化管理，加强供水管网维护及设备保养规范化管理，加大供水管网更新改造力度，更要直接从水质结果出发，加强与完善日常的供水管网水质监测手段，建立异常的供水管网水质预警与处置机制，从而全方位保障城市居民健康、安全、优质用水。

加强与完善日常的供水管网水质监测手段，要求供水单位从供水管网水质结果逆向出发，在满足国家及行业标准要求的供水管网水质监测点位、频次的基础上，切实优化日常供水管网水质监测点的布置，重点关注重要位置及敏感区域供水管网水质监测点；要求供水单位要充分利用在线监测系统，建立起完善的水质信息管理网络。

建立异常的供水管网水质预警与处置机制，要求供水单位全面梳理针对性的供水管网水质突发事故，有机结合供水调度、工程技术、供水管网维修、材料配件及预备、抢险设施预备等相关部门，建立起供水管网突发性事件的预警及应急响应机制，实现供水管网水质突发性事件的提前预警，及时处置，快速应对。

8.1 供水管网水质监测

在城市供水系统中，供水管网作为其中最为基础性的一项重要设施，是城市居民开展各项生产生活，实现顺利用水的关键所在。在此过程中，广大供水单位积极加强城市供水管网的水质监测工作，可以有效帮助其全面了解城市供水管网的水质情况，进而准确、及时判断相应供水管网区域内是否存在水质异常变化的情况。通过对各项检测数据进行深入挖掘与综合分析，可以及时地把分析结果反馈、指导和改进制水过程。同时，通过对供水管网水质的监测，也可以进一步加强与用户的直接联系，在确保公众知情权的同时促使供水单位提高服务质量，最大限度地减少水质超标事件，水资源环境也可以得到有效保护。由此可见，在城市供水水质监测中，有必要重视加强和深入落实供水管网水质的监测。

8.1.1　供水管网水质监测点布置及监测内容

1. 优化供水管网水质监测点布置

供水管网水质监测点的布设在《城市供水水质标准》CJ/T 206—2005 中有要求：采样点的设置要有代表性，应分别设在水源取水口、水厂出水口和居民经常用水点及管网末梢。管网的水质检验采样点数，一般应按供水人口每两万人设一个采样点计算。供水人口在 20 万人以下、100 万人以上时，可酌量增减。

但供水管网水质监测点的布置是一个多目标、复杂、持续改进的过程，出于经济及技术方面的原因，监测点的数目应尽可能符合实际情况，并能反映整个供水管网的水质变化情况。为保障监测范围全面，监测结果精准有效，推动供水管网水质监测实现可持续发展的目标，相关工作人员应立足供水管网水质监测的具体需要，严格遵循国家相关规定要求，主动优化监测点选址。供水管网水质监测点布置应遵循以下原则：

(1) 满足水质全过程管理。水质监测点的布置从空间上（面积、服务人口、供水管网长度等）分布相对均匀，能充分体现和反映各区域的供水管网水质情况及变化全过程。

(2) 强化供水管网重要位置、敏感区域监测。在人口密集区、用水比较集中地、供水分界线、供水安全保障要求高的用户、流速偏低及水龄偏长的地区设置水质监测点，及时掌握供水管网的水质风险情况。

(3) 结合水质模型需要。对出厂水、输水干管、二次供水、用户受水点布置在线水质监测点，实现供水管网水质全程监测。

(4) 人工取样点及在线监测点结合。充分结合已有人工取样点的位置分布，优化在线监测点的布置。

(5) 每个城市都要根据自身实际情况，依据供水人口的分布密度和市政供水管网的分布状态并视实际需要作适当调整。

2. 严格执行供水管网水质监测内容

供水管网水质监测项目及频次应严格依照《生活饮用水卫生标准》GB 5749—2006、《城市供水水质标准》CJ/T 206—2005 的相关规定执行，应重点关注色度、浊度、游离氯、臭和味、细菌总数、铁、锰、铝等风险指标。特别是余氯、浊度和 pH 指标。

(1) 余氯：余氯是保证供水安全性的一项重要指标。通常情况下，经过水厂的净化处理过程，原水中的各种污染物已得到有效去除和净化，包括能引起人体致病微生物均得以控制。管网水中的余氯可以防止输水过程中微生物和细菌的再生长，保持水的持续杀菌能力，降低微生物和细菌二次污染的可能性，是保障供水安全的重要措施之一。为此，监测管网水中的余氯是非常必要的。适量的余氯可抑制水中残留细菌、病毒等微生物的再度繁殖，同时余氯又会带来致癌的消毒副产物，对人体健康存在一定危害，所以余氯值在供水中不能过高也不能过低。

(2) 浊度：浊度是最常用的感官性指标，也是一项综合指标。管网水浊度的变化直接反映了供水水质是否受到污染。通常浊度变化必然伴随着无机物、有机物进入水中，也很可能有微生物、细菌、病原菌的入侵。水的浊度越低，微生物含量就越低，所去除的有机的有害有毒物质就越多，就越能改善感官性指标。因此，浊度的监测可以动态反映供水管网水质的变化。及时处理供水管网水出现的浊度问题，可把对用户的影响降低。

(3) pH：pH 过低会腐蚀供水管网，过高会使溶解盐析出，降低氯消毒效果。余氯衰减、微量无机物、有机物和微生物活动等都会引起 pH 的变化。

3. 加强供水管网水质专项分析与管理

供水单位应完善多级水质监测与管理制度，明确运营统筹部门、管网统筹部门、水质监测部门、实际管网运营部门或单位在水质监测与分析中的具体职责划分，以实现全流程的水质监测与分析，尤其是在水质投诉分析、异常问题及处置情况、改进措施及建议等方面，能够充分加强水质专项分析与管理的力量配置。

4. 供水管网水质在线监测

应充分利用供水管网模拟软件，对供水管网水质在线监测点进行科学合理布置，以实现供水管网水质的及时、动态管理。水质在线监测有重大意义：①能够实时、动态地掌握供水管网水质的基本信息；②可及时、快速地指导供水管网的优化运行，并缩短突发供水管网水质应急事件的应对时间；③可为供水管网水质预警模型的构建提供充足的数据基础。

供水管网水质在线监测点应进行优化布置，从空间上（面积、服务人口、供水管网长度等）应相对均匀分布，宜设置在供水分界线、流速较低、水龄较长、管网末梢、用水集中、特定用户等区域。有条件的城市，尽量保证供水管网覆盖区域每 $10km^2$ 不少于 4 个在线水质监测点。

供水管网水质在线检测项目和频率应符合国家、行业及地方标准的有关规定，并根据实际需求设置 pH、浊度、余氯等指标的在线监测。在线监测指标的选择主要受限于目前传感器技术的发展和经济投资。例如，重金属的在线监测技术还不成熟，精度还达不到监测供水管网中可能存在的重金属浓度要求。国内目前较多供水单位选择了余氯、浊度、pH 作为在线监测指标。这三个指标在一定程度上能较好地反映供水水质状况。

5. 供水管网水质人工监测

应结合在线监测点统筹考虑人工监测点的布置，使得整个供水管网水质监测点的布置符合《城市供水水质标准》CJ/T 206—2005 的要求。

人工监测点宜根据供水管网水质普遍代表性、供水管网水质风险出现的可能性、影响程度以及管理的需要等将供水管网水质监测点分为代表性监测点和水质风险控制监测点进行分类设置和管理。有条件的城市，供水管网覆盖区域每 $10km^2$ 不宜少于 3 个代表性监测点以及 1 个水质风险控制监测点。同时，供水管网水质人工监测点宜覆盖到用户用水终端，即用户龙头水质，及时掌握用水终端水质情况，有效分析应对水质风险。

人工监测点的检测频率及检测指标应在《城市供水水质标准》CJ/T 206—2005 的基础上，根据当地风险源、常见投诉等实际情况，重点加强色度、浊度、游离氯、臭和味、细菌总数、铁、锰、铝等相关风险指标的检测频次，特别是余氯、浊度和 pH 指标。其中，南方某市管网水人工检测频率及检测指标见表 8-1。

南方某市管网水人工检测频率及检测指标示例　　　　　　　表 8-1

检测指标	指标数	检测频率	要求
细菌总数、总大肠菌群[①]、耐热大肠菌群[①]、大肠埃希氏菌[①]、浊度、色度、臭和味、气味、肉眼可见物、消毒剂余量[②]、高锰酸盐指数(仅管网末梢水)	11	每半月不少于 1 次	抽检率 20%,各区级行政区域每半月不少于 2 个样,化验室内检测

续表

检测指标	指标数	检测频率	要求
深圳市地方标准《生活饮用水水质标准》DB4403/T 60—2020 中表 1 和表 2 中项目[1][2][3]	52	每月不少于 1 次	抽检率 10%，各区级行政区域每半月不少于 1 个样，化验室内检测
浊度、余氯、肉眼可见物、臭和味	4	代表性监测点：每周不少于 1 次；水质风险控制监测点：每周不少于 2 次	便携式水质检测仪现场检测，检测率 100%

[1] 当水样检出总大肠菌群时，应进一步检验耐热大肠菌群或大肠埃希氏菌。

[2] 根据使用的消毒剂选择消毒剂余量检验指标：采用氯气及游离氯制剂时测定游离氯，采用二氧化氯时测定二氧化氯，并同时测定总氯，游离氯、二氧化氯不合格但总氯合格时，按消毒剂指标合格计。

[3] 使用臭氧时测定溴酸盐和甲醛，使用二氧化氯或复合二氧化氯时测定亚氯酸盐和氯酸盐。

当同一区域内出现多个用户水质投诉时，除应提高投诉区域水质检测的频率外，还应加强水质投诉区域周边人工监测点的水质检测，并查明原因，从源头解决问题。

在重要、大型活动等特殊时期，应增加相关区域水质检测的密度、项目及频次。

应根据供水管网水质状况的变化以及管理的需要对人工监测点的布点位置及分类每年度调整一次，确认监测点是否需要进行调整或取消。

8.1.2 二次供水水质监测点布置及监测内容

本节主要针对由供水单位统管的居民小区二次供水水池（箱）的水质监测点及监测内容进行推荐建议。

二次供水运营主管部门应协同相关单位明确供水服务范围内二次供水水质分级巡检、检测、监测相关要求，并跟进监督运营单位的执行落实情况。南方某市二次供水设施水质检测指标及检测频率见表 8-2。

南方某市二次供水设施水质检测指标及检测频率示例 表 8-2

检测指标	指标数	检测频率	备注
余氯、浊度、pH、臭和味	4	每个设施每月不少于 1 次	由巡检单位日常检测
细菌总数、总大肠菌群[1]、耐热大肠菌群[1]、大肠埃希氏菌[1]、色度、浊度、臭和味、气味、肉眼可见物、pH、消毒剂[2]	11	每个设施每半年不少于 1 次	清洗消毒后检测

[1] 当水样检出总大肠菌群时，应进一步检验耐热大肠菌群或大肠埃希氏菌。

[2] 根据使用的消毒剂选择消毒剂检验指标：采用氯气及游离氯制剂时测定游离氯，并同时测定总氯；采用二氧化氯时测定二氧化氯，并同时测定总氯。游离氯、二氧化氯余量不合格但总氯余量合格时，按合格的消毒剂余量计。

居民小区二次供水水池（箱）水质在线监测仪表布置本着环保经济、科学合理、安全可靠、可持续发展的原则，推荐布置原则如下：

（1）密度分布原则。供水服务范围内，宜按照现有生活二次加压供水水池（箱）10%～15%的比例布置。

（2）空间分布原则。水质在线监测仪表空间分布宜遵循下列原则：

1) 距离水厂较近,且市政供水管网水质长期稳定良好(余氯>0.4mg/L,浊度<0.3NTU)的区域可不布置或少布置。

2) 市政供水管网末梢区域、市政供水管网水流速度偏低(低于0.1m/s)区域、供水管网偏老旧区域,宜提高布置密度。

3) 相邻水厂供水服务范围交汇处,宜提高布置密度。

4) 连接水池(箱)进水管的市政供水管网余氯低于0.1mg/L的,宜在二次供水水池(箱)出水管上加装水质在线监测仪表。

5) 泵房月均供水量大于20000m³或是二次供水加压用户超过1500户的大型住宅小区,其二次供水水池(箱)宜加装水质在线监测仪表。

6) 重点保障用户、敏感用户所在的住宅小区二次供水水池(箱)宜加装水质在线监测仪表。

(3) 二次供水水池(箱)水质在线监测仪表应结合供水管网水质在线监测仪表的布置统筹考虑。

(4) 考虑是否安装水质在线监测仪表之前,应采用便携式水质检测设备于早晚高峰时段以及用水低峰时段对二次供水水池(箱)进水水质进行检测,并提供水质检测数据。

(5) 未加装水质在线监测仪表的,应通过补充人工监测点的形式来提高供水管网水质的监测密度和监测的灵活性。

8.1.3　城市供水水质监测预警系统示范工程案例

(1) 工程名称与规模

济南市城市供水水质监测预警系统。

(2) 存在的问题与技术需求

一是济南市供水水源多样、复杂,水质问题突出;二是在线监测能力薄弱,未能覆盖全市;三是存在信息条块化、资源不共享等问题。为实现对突发性水质事故的提前预警和及时报警,需建立济南市城市供水水质监测预警系统。

(3) 工艺流程(见图8-1)

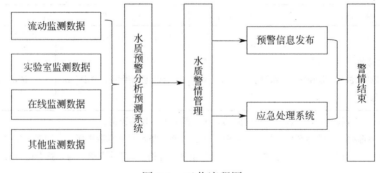

图8-1　工艺流程图

(4) 主要技术内容

采用"全流程水质预警多源信息集成技术",构建了基本信息数据库、水质评价数据库、水质预警数据库、水质仿真数据库、警情事件数据库、警情发布数据库和多源水质数据库,实现了整体规划、统一编码和中间转换规则;开发了全流程水质预警地理信息支撑技术，包含基于 XML 的水质预警空间数据交换机展示技术、基于 WebGIS 的水质污染场景动态渲染技术，有效展示了饮用水水质预警数据的时空变化特征，实现了水质预警数据管理、分析和维护。将水质安全评价、前台技术、后台支撑技术综合集成，形成了水质预警分析预测系统。

（5）技术运行效果

结合实际业务需求，通过城市供水系统在线监测关键技术的集成建设，实现了供水系统多源异构信息的采集传输，建立了涵盖水源地、水厂、供水管网、二次供水等的水质在线监测网（见表 8-3），其中，水源水在线监测点 9 个、出厂水在线监测点 11 个、管网水在线监测点 66 个，实现了对供水系统的全流程监测，能及时和动态掌握水源水质状态、输水过程中污染情况以及水厂制水及管网输配过程中的水质污染变化状况。该平台可全天候监控城市供水系统水质变化情况，每月接受约 110 万条实时数据，并对其进行分析管理，形成日报、周报和月报，同时对异常数据进行预警报警等，实现了对突发性水质事故的提前预警和及时报警，加强了城市供水系统水质监测及信息化对应急处理处置的技术支撑。

水质在线监测项目

表 8-3

监测类型	监测点位置	监测指标
水源水	水库取水口	COD_{Mn}、氨氮、常规五参数、叶绿素、藻类计数及分类、综合毒性、在线生物预警（生物鱼行为强度）、总磷、总氮、TOC、石油、全光谱扫描
进厂原水	进厂原水管道口	在线生物预警、常规五参数
出厂水	水厂出水泵房	消毒剂余量、浊度、pH
管网水	管网水在线监测点（包括二次供水单位）	消毒剂余量、浊度、pH

（6）注意事项

水质预警分析预测系统要根据水质数据的积累对模型进行校核，提高预警准确性。

8.2 供水管网水质安全预警

供水单位应编制供水管网安全预警和突发事件应急预案，明确不同类别的供水管网安全、突发事件处置办法、处置流程和责任部门，并将此纳入供水单位的总体应急预案。对供水管网系统进行安全和风险评估，制定和完善相关安全和应急保障措施。

风险评估和控制工作是供水管网安全管理和应急管理工作的重要组成部分。建立风险评估机制，要做到预防和处置并重，评估与控制结合，使应急处置管理能有预见性、针对性、主动性。

根据供水管网安全和突发事件可能造成影响的程度，建立分级处置制度。当供水管网安全事故和突发事件发生时，在应急处置的同时，根据管道安全影响等级所规定的上报制度，应及时上报主管部门。

1. 安全预警

对供水管网水质、水量和水压的动态变化进行定期检查和实时掌握，对可能出现的供水管网安全运行隐患进行预警。

根据本地区的重大活动、重大工程建设和应对自然灾害等的需要，应对重点地区供水管网的风险源进行调查和风险评估工作。

供水管网风险源调查一般采用调查表调查、实地调查和事故致因理论分析法调查等方法，对供水管网历史事故资料进行分析、辨识管网事故风险的影响因素，通过风险承受力分析和风险控制力分析，确定风险的大小。风险源调查就是对产生风险的源头进行调查，可将调查结果运用事故致因理论、事故树、系统安全理论等方法进行归纳，分析得出最后的结论，确定风险源。一般供水管网出现的风险由两部分组成：风险事件出现的频率及风险事件出现后其后果的严重程度和损失的大小。

安全预警管理应建立管网事故统计、分析和相关档案管理制度，依据管网事故的统计分析数据，提出安全预警方案。各种管网事故（水质、破损、爆管等）的统计和分析是供水管网日常运行、维护、评估和更新改造的基础，做这项工作必须持之以恒，实行专人管理，针对每一次事故进行统计分析，通过长期积累相关资料，形成历史档案；有条件的也可建立管网事故的统计分析数据库，或管网事故分析系统，结合其他管网管理系统，综合进行供水管网管理。

通过供水管网在线监测数据及时发现管网运行的异常情况，对安全事故进行预警。运用供水管网数学模型，对管网运行状况、水质污染源位置及影响区域等进行模拟分析，优化预警方案。

2. 信息监测

针对各种可能发生的突发事件，单位各级指挥部要提高警觉度，不断完善预测预警机制，开展风险分析，防患于未然，做到早发现、早报告、早处置。

单位各级指挥部要根据各自的职责范围，加强对突发事件信息监测工作的指导、管理和监督，应在各应急预案中明确监测信息报送渠道、时限、程序。

各相关职能部门要通过对监测信息的分析研究，对可能发生突发事件的时间、地点、范围、程度、危害及趋势作出预测，对可能引发重大突发事件的预测预警信息，必须立即上报单位指挥部指挥长。

3. 预警级别和发布

按照可能发生的突发事件的危害程度、紧急程度和发展势态，单位各级专项应急预案应确定预警级别划分原则和发布程序。

单位各级指挥部应根据监测和预测分析结果，对可能发生和可以预警的突发事件进行及时预警。

单位预警级别的发布及专项应急预案的启动由单位指挥部指挥长负责，部门预警级别的发布及应急预案的启动由部门指挥部指挥长负责。

预警信息应包括可能发生的突发事件类别、预警级别、起始时间、可能影响范围、警示事项、应采取的措施等。

预警信息的发布、调整和解除，应通过电话、传真、单位网络、书面等媒体和组织人员通知等方式进行。

4. 预警处置

进入预警期后，相关业务部门和指挥部应根据实际需要，采取有效措施避免人员伤亡和财产损失，组织应急救援队伍、相关人员及抢险装备进入待命状态，准备启动相应专项应急预案。

8.3　应急处置

1. 应急预案

出现重大级别以上的供水管网安全突发事件时，供水单位应立即启动应急预案，并及时上报当地供水行政主管部门。一般将各种突发事件都分为四个级别，各城市、各地区的突发事件也分为四个级别，主要是各级别的影响程度和影响范围等不同。各地区供水单位的供水管网突发事件分级也根据当地的实际情况，按照影响范围的大小、影响用户和人口的多少、突发事件的性质、管径的大小、突发事件处置时间的长短等因素，划分为四个级别，级别越高，预案的内容应越详细，对人、财、物的要求也越高。

制定好应急预案后，应定期组织开展供水管网水质事故应急演练，并保持应急预案的持续改进和应急处置能力的持续提升。

2. 应急措施

供水管网水质突发事件发生时，应迅速采取关阀隔离、查明原因、排除污染和冲洗消毒等措施，短时间不能恢复供水的，启动临时供水方案。当发生爆管、破损等突发事件时，迅速关阀止水，组织应急抢修；当影响正常供水时，及时启动临时供水方案。当出现水质突发事件时，供水单位应将出现水质问题的管道从运行管网中隔离开，隔断污染源，防止污染面扩大，并及时通知受影响区域内的用户和上报主管部门，尽量降低危害程度。同时尽快查明原因，迅速制定事件影响范围内的管网排水和冲洗方案，及时采取措施排除污染源和受污染管网水，并对污染管段冲洗消毒，经水质检验合格后，尽快恢复供水。当冲洗、消毒无效时，应果断采取停水及换管等措施。

当发生供水压力下降的突发事件时，接到报警后应迅速赶到现场，查找降压原因，了解降压范围及影响状况，及时处置，恢复供水。

因进行管道维修、抢修实行计划停水的，如工程未能按时完工时，应及时启动停水区域应急供水方案。

3. 事件评估

各类供水管网突发事件发生后，应做好相关善后处置工作。重大突发事件还应对事件的发生原因和处置情况进行评估，并提出评估和整改报告。

突发事件评估报告包括下列内容：

(1) 突发事件发生的原因；

(2) 过程处置是否妥当；

(3) 执行应急处置预案是否及时和正确；

(4) 宣传报道是否及时、客观和全面；

(5) 善后处置是否及时；

(6) 受突发事件影响的人员和单位对善后处置是否满意；

(7) 整个处置过程的技术经济分析和损失的报告；

(8) 应吸取的教训。

4. 信息报告

针对不同类别突发事件的性质、特点、影响范围，各级单位专项应急预案应根据应急管理的需要，明确信息报告的程序要求、时限要求、内容要求和续报要求。

突发事件发生后，事发业务部门应按照应急信息报告的要求，立即如实向单位指挥部报告，不得迟报、谎报、瞒报和漏报。重大事件下属部门可越级上报。

突发事件信息向上级管理部门及上级政府有关部门的报告，按照单位突发事件报告相关制度和《生产安全事故报告和调查处理办法》规定的要求执行。

5. 先期处置

突发事件发生后，下属部门行政第一负责人根据事件的性质特征、严重程度和级别，立即启动相应预案或现场处置方案，组织本部门应急抢险队伍进行先期处置，采取措施控制事态，并将现场处置情况上报业务主管部门指挥部，业务主管部门指挥部上报单位指挥部。

单位指挥部视现场情况，决定启动相应专项应急预案、赶赴现场指挥抢险救援处置、组织其他应急队伍增援等应急处置行动。

6. 应急响应

按照分级处置的原则，事发业务主管部门和单位指挥部在接到突发事件的报告后，分别依据突发事件的不同等级，分级启动相应的专项应急预案，作出应急响应。

各级专项应急预案启动后，事发业务主管部门指挥部和单位指挥部的指挥长、指挥部成员应迅速到位，应急增援的救援抢险队伍必须在规定时间内集结到位或赶赴现场。

对先期处置未能有效控制事态的，要立即向上级报告，请求支援。

7. 指挥与协调

业务主管部门负责处置的突发事件，由事发业务主管部门指挥部指挥长统一指挥、开展处置工作。主要包括：组织救援、救治和转移、疏散人员；按照有关程序决定封闭、隔离或限制使用有关场所；组织抢修损坏的设备、设施；尽快恢复供水；及时向单位指挥部报告情况等。

单位负责处置的突发事件，由单位指挥部指挥长统一指挥、开展处置工作。主要包括：提出现场应急行动的原则要求；组织事发业务部门和单位相关部门参与应急救援；制定并组织实施抢险救援方案，防止发生次生、衍生事件；决定应急响应方案并下达指令；及时向上级报告应急处置工作进展；研究处理其他重大事项等。

在处置突发事件的过程中，相关业务部门（含下属部门）接到单位指挥部的指令后，要立即组织本部门应急救援抢险队伍、抢险设备、机具、物资投入应急增援，协助事发业务部门开展应急救援工作。

上级或政府负责处置的突发事件，单位指挥部接受其领导，执行相关应急处置命令，采取相关配合措施。

8. 扩大应急

当依靠单位应急处置力量无法控制和消除突发事件的严重危害时，则实施扩大应急行动。由单位指挥部决定，上报主管部门或政府有关方面请求增援。

9. 应急结束

单位各级专项应急预案应明确规定其预案涉及的突发事件终结的条件。

应急处置结束应遵循"谁启动，谁负责"的原则，由相应指挥部指挥长决定和宣布应急状态的解除，当采用多级应急响应时，按照自上而下的级别进行应急状态的解除。

突发事件的现场应急救援工作完成后，或者相关危险因素消除后，应急处置队伍撤离现场。

8.4　供水管网水质投诉分析

8.4.1　色度方面的投诉

1. "黄水" 投诉

水质发黄是比较普遍的用户水质投诉，主要表现为水龙头水发黄或泛黄，使自来水感官恶化，水质下降。水质发黄一般与铁、锰有着密切联系，水中低浓度的铁、锰在游离余氯和溶解氧的共同作用下，氧化生成氢氧化铁和二氧化锰沉淀，附着在不光滑的输配水管内壁，逐渐聚积，并对水中的铁、锰的继续氧化起着催化作用，当水力或水质条件发生较大变化时，聚积的铁、锰氧化沉淀就会从管道内壁脱落形成"黄水"。产生"黄水"现象的原因主要有以下几种：

（1）水质突变

水的化学组分发生了很大的变化，特别是硫酸盐浓度及 pH 变化引起的水质稳定性变化，打破了供水管网中管道内的管垢与原有水质之间的平衡，使管垢铁锈发生溶解，破坏了表面钝化层，造成管垢过量铁、锰释放，从而产生了"黄水"问题。

（2）水压及流向变化

市政供水管网压力及流速变化、调水等原因改变了水流方向，导致管道内壁的结垢被冲刷脱落，引起"黄水"；同时水压及流向的变化，也会使预留梯口、消防支管以及无用户管道中因长时间不用产生的"黄水"倒流，进入流通管道引起"黄水"投诉。结合水压变化情况，分析"黄水"颜色深浅、影响范围和持续时间，判断和排查产生"黄水"的原始管段和影响范围，并采取针对性的冲洗排放措施。

（3）工程施工及维抢修引起

在供水管网工程施工中，在管道安装环节泥土杂物不慎进入管道，在管道并网前未进行管道冲洗或冲洗不彻底，就会形成该管道供水范围内的较大范围"黄水"情况。在爆管抢修或者遭第三方破坏维修时，管道的排放水进入作业坑后与周边泥土形成"黄水"，管道排空后管道中形成负压，如作业坑中的黄浊水液位高于管口，则易将"黄水"吸入管道中；或者在管道维修期间，用泥土进行临时封堵，后续又未进行清除或清除不彻底，形成"黄水"。

在接到"黄水"投诉后，可核实周边的供水管道建设工程及停水维修记录，由工程施工及维抢修引起的"黄水"通常会有沙石情况。

2. "白水" 投诉

"白水"，也称"牛奶水"，表现为从水龙头放出的自来水呈乳白色，静置片刻后澄清。形成的主要原因为供水管网中进入空气，并在较大压力情况下分散成肉眼无法分辨的微小气泡，微小气泡与水相互作用形成乳白色的水，在容器中静置片刻后，微小气泡消失，水自然变清澈。待管道中空气排尽后，"白水"现象消失。"白水"主要是微小气泡与水相互作用产生的，对人体无害。可根据"白水"的影响范围、持续时间来分析存在空气的管段，并采取排放措施。

3. "蓝水"投诉

水龙头放出的水呈蓝色,"蓝水"情况一般出现在个别用户家中。出现"蓝水"主要是由于放有洁厕灵(呈蓝色)的用户厕所水箱中的水进入到自来水管道中。一般情况下,在管网压力作用下,水流方向是正向的,即使不用水,外部的水也无法进入供水管道。但由于外部管网停水或外部用水情况下,在开启阀门或水龙头时,使得管道中水流方向产生变化,使得管道内产生负压,同时马桶水箱进水止回措施失灵时,厕所水箱中的水被抽入供水管道内,恢复供水时就出现了"蓝水"情况。如出现"蓝水"现象,须立即分析影响片区,组织及时排放,并对管道做消毒冲洗,管道水质经检测合格后恢复使用,同时及时修复马桶水箱进水管上的止回阀,或者将防喷溅软管移出马桶水箱的最高液面。

8.4.2　嗅味方面的投诉

1. 氯味投诉

用户投诉自来水中含有氯味,主要是由于自来水出厂之前进行消毒引起的。为保证饮用水安全,在水处理过程中,必须进行加氯消毒以保证消毒效果。根据《城市供水水质标准》CJ/T 206—2005,供水管网中必须含有一定量的余氯以防止水在输送过程中发生二次污染,出厂水余氯含量要大于 0.3mg/L,用户龙头水余氯要大于 0.05mg/L,所以自来水中含有氯味是正常的。正常情况下,距离水厂越近,水中余氯含量稍高,氯味稍重。

2. 腥臭味投诉

水中的臭味主要是由于水龄过长引起的,自来水在供水管道中留存时间过长,水中的余氯含量降低,微生物滋生从而产生臭味。藻类的繁殖会造成水的腥味,在阳光充足、水流平稳条件下,容易繁殖藻类,二次供水水池(箱)污染容易产生藻类。

通过排查分析腥臭味投诉时间、影响范围,分析产生腥臭味的原因。如因水龄过长引起的,需要定期对管网末梢进行排放,或对供水管网进行优化,避免产生死水。如因二次供水水池(箱)污染引起的,需要定期对其进行清洗消毒,对易污染的需加大清洗消毒频率。

3. 油漆味、汽油味、塑料味投诉

这些异味主要产生于自来水中含有溶解性有机污染物,常见的如苯酚类、卤烃类化合物及油类等物质,有机污染物进入自来水的途径主要有以下几种:

(1) 使用了不符合卫生标准的管材或胶粘剂,如超量使用胶粘剂安装 PVC 管,使得胶粘剂中的有机溶剂进入自来水中,使水产生油漆味、汽油味或塑料味。

(2) 在二次供水设施检修中化学物质进入水中,导致水质污染,或者在蓄水池周边堆放或者使用油漆等物质,空气中弥漫浓烈的有机气味,气味长时间与自来水接触后也会导致自来水异味。

(3) 供水管道遭受第三方破坏,导致有机污染物进入管道。

(4) 原水遭受污染,而常规处理工艺无法净化去除这些溶解性有机污染物。

8.4.3　其他水质投诉

1. 红线虫投诉

红线虫又叫"红蚯蚓",长度为 2~3mm,一般生长于潮湿阴凉处,自来水中的红线虫一般从水池或屋顶水箱进入用户水管,当水池或水箱没有及时清洗或清洗不彻底,水的余氯降低,微生物滋生,就会出现红线虫。如果出现红线虫投诉,需根据投诉的数量、范

围来分析红线虫源头，并做好应急排放和消毒，加强对二次供水设施的清洗和消毒。

2. 自来水养的鱼、虾突然死亡投诉

出现这种现象主要是由于水中含有余氯，为保证自来水在输送过程中的水质安全，需要对自来水进行氯化消毒，并要保证管网水中余氯达到一定的浓度。水中的余氯含量，对于人是绝对安全的，但对于鱼、虾等水生动植物可能会致死。如果需要使用自来水养鱼虾和水生植物，建议将自来水先放置 1～2d，或添加适当的硫代硫酸钠脱氯后使用。

8.4.4　供水管网水质投诉案例分析

1. 水源切换过程中供水管网出现局部"黄水"现象案例分析

（1）案例名称

北方某市水源切换过程中出现局部"黄水"投诉。

（2）案例背景

该市供水水源有地表水和地下水两种，并由不同的水厂进行供水。2008 年 9 月底至 10 月初，该市从邻省水库调水以替代当地的地下水作为饮用水水源，仅在水源切换数日后便集中出现用户关于"黄水"问题的投诉。

（3）特征分析

1）从"黄水"投诉居民区建筑年限来看，"黄水"较严重的区域发生在建筑年限较久的居民区（多为 20 年以上），而在较新的居民区（近 10 年内的建筑）几乎没有出现"黄水"现象。

2）从供水管网结构来看，主干管网中没有出现明显的"黄水"，水质能够达标。"黄水"主要发生在管网末端进入小区的支管和居民楼内的入户管中，这些管道多为无内衬的铸铁管和镀锌钢管。

3）"黄水"较严重的区域主要为原来供地下水的区域，而原来供地表水的区域未出现明显的"黄水"现象。

（4）原因分析

1）新引入的水源水质指标完全符合《生活饮用水水源水质标准》CJ 3020—1993，且经过处理的出厂水及主干管网内的水质也完全符合《生活饮用水卫生标准》GB 5749—2006。新水源与原水源相比，无机盐组成及含量存在较大差异。

2）较严重"黄水"现象只出现在原来供地下水的区域，而供地表水的区域没有出现"黄水"或"黄水"现象较轻，说明铁质管道在与地表水和地下水长期接触过程中所形成的腐蚀管垢层的特性是不同的，地表水条件下形成的管垢对管道金属有较好的保护作用，而地下水条件下形成的管垢对管道金属的保护性较差。

（5）应急措施

"黄水"发生后，相关部门及时决策，大幅度降低新水源的比例（新旧水源水量比例为 2∶8），在最初的一个月内"黄水"浊度下降较快，之后降低趋势放缓，两个月后基本趋于稳定。

（6）案例启发

1）分析新水源水质，了解其水质特征与现有水源的差异，利用不同的评价方法对新水源的腐蚀性进行判断。

2）详细调查分析现有供水管网的管材和管龄信息，并区分不同水源供水区域，明确水源切换敏感区域，并制定相应的水源分区更换方案。

3）水源更换前需进行系统的试验研究评价，预测可能出现的情况，并制定应对方案的技术措施。

2. 南方某城市供水管网出现"黄水"投诉案例分析

（1）案例名称

南方某市多年来频发"黄水"问题。

（2）案例背景

南方某市多年来频发"黄水"问题，其中2014年"黄水"问题较为严重，该市X、Z水厂均以同一水库为水源，采用常规处理工艺，并通过环状管网共同对某一区域供水，该区域多年来夏季都会发生"黄水"问题，从2014年5月28日开始，用户陆续通过客服热线反映水质发黄、发黑、浑浊的问题，截至7月8日，共计发生此类投诉110起，通过统计分析，可以发现该区域"黄水"具有明显的时空分布特征。

（3）特征分析

从时间上看，110起投诉中共有107起集中分布在三个阶段。第一阶段投诉40起，第二阶段投诉46起，第三阶段投诉21起，三个阶段之间分别间隔19d、17d。也就是说"黄水"是分阶段集中爆发的，进一步分析显示，投诉多发生在早、中、晚三个用水高峰时间段之后，这种时间差可能是用户发现"黄水"后再投诉的时间延迟的缘故。

从空间分布上看，X水厂供水片区"黄水"问题更加严重，主要集中在距离水厂3km的范围内；而Z水厂供水片区内的投诉则距离水厂相对较远，投诉也相对分散。再结合时间来看，第一阶段的"黄水"主要分布在X水厂供水片区，而Z水厂供水片区在第二阶段才发生"黄水"，并呈零散分布状。在第三阶段，"黄水"问题有所减轻，但在X水厂供水片区仍集中了该阶段主要的"黄水"投诉。

（4）原因分析

在X水厂供水片区，靠近水厂的个别小区"黄水"投诉频发，在查找"黄水"原因时，发现二次供水造成的水力扰动诱发了这些小区的"黄水"问题，这些小区已将传统二次加压供水改造为叠压供水，即直接从市政供水管网中抽水，引起管道水力条件变化，导致管道内腐蚀物或沉积物的释放，造成该片区"黄水"现象，在协调将小区加压方式复原后，"黄水"投诉基本停止。

（5）应急措施

在接连发生"黄水"投诉后，水司在2014年7月对投诉片区内一条DN400的铸铁管进行了冲洗排放，在冲洗初期，水的浊度和色度超过国家标准限值百倍以上，随着冲洗的进行，色度、浊度逐渐下降，最终达到了《生活饮用水卫生标准》GB 5749—2006的要求，也表明冲洗对供水管网维护行之有效。

（6）案例启发

通过分析"黄水"投诉特征及冲洗结果，表明出厂水铁、锰在供水管网中继续氧化，并在管壁上沉积富集，当供水管网水力条件发生较大变化时，富集的铁、锰氧化物就会释放，产生"黄水"。因此，如何降低出厂水的铁、锰浓度及减少他们在管道中的富集是避免"黄水"情况的根本。

3. "牛奶水"投诉案例分析

（1）案例名称

无锡太湖国际社区"牛奶水"投诉。

（2）案例背景

家住无锡市太湖国际社区的费女士拨打热线反映，她家水龙头流出来的自来水是白色浑浊的。

（3）特征分析

水龙头流出来的自来水用铁锅盛满，刚开始呈乳白色，有些像"牛奶水"，过几分钟后变清，且每次停水恢复供水后都会出现这种情况。

（4）原因分析

当自来水管道停水或者低压供水时，管道中就会进入大量的空气，在管道内压力的作用下，这些空气在水中形成大量的微小气泡，这些微小气泡肉眼无法识别，看起来就像是"牛奶水"，这些微小气泡不影响水质。

（5）应急措施

形成的微小气泡对水质没有影响，但可能会影响用水感官体验，可进行应急排放，并在供水管网上加装止回阀和排气阀，以减少微小气泡的产生。

4. 自来水嗅味异常投诉案例分析

（1）案例名称

天津滨海新区自来水嗅味异常投诉案例。

（2）案例背景

2016 年 6 月中旬，天津市滨海新区部分地区发生了自来水嗅味异常事件，自来水中带有严重异味，已经失去了生活饮用和洗漱使用功能。

（3）特征分析

经对管网末梢用户龙头水和水源水进行水样采集，感官性状分析结果显示，龙头水和水源水中均有土霉味，且龙头水的土霉味强度大于水源水，加热水样至沸腾后，水源水中土霉味强度明显增强，GC-MS 的检测结果确定致嗅物质为土臭素。

（4）原因分析

事发地区的水源水为滦河水，通过引滦入津工程引入，在引滦入津工程的于桥水库，水体呈现深绿色，且较浑浊，水体表面漂浮着大量水藻。嗅味种类为腥臭味，气味极大，藻类总数明显增加，高锰酸盐指数属于Ⅲ～Ⅳ类水体。对水源水中的藻类进行镜检，发现存在鱼腥藻，可代谢产生土臭素。经检测，龙头水中的溶解态土臭素浓度为 887ng/L，水源水中浓度为 30～51ng/L，土臭素在水中的浓度高于 10ng/L 即能够产生明显的土霉味；鱼腥藻在常规处理工艺中由于藻死亡或者被破坏，导致原本存在于藻细胞内的土臭素释放到水体中。

（5）应急措施

自 2016 年 6 月 19 日开始，在事发地区取水口上游 5km 处投加 10mg/L 的粉末活性炭，之后水体通过明渠流到取水口，经历时间约为 3h，之后再通过管道输送到水厂，输送时间在 17h 以上，同时在水厂进水口处二次投加 5mg/L 的粉末活性炭。实施应急处理技术后，自 6 月 20 日开始，水源取水口的土臭素含量明显下降，水体中的异味明显降低。同时大范围打开消火栓清洗管道和二次水箱，用户投诉逐渐减少，多个实验室共同监督检测，出厂水满足《生活饮用水卫生标准》GB 5749—2006 的要求。

参 考 文 献

[1] 赵洪宾. 给水管道卫生学 [M]. 北京：中国建筑工业出版社，2008.

[2] 中国城镇供水排水协会. 城镇供水管网运行、维护及安全技术规程 CJJ 207—2013 [S]. 北京：中国建筑工业出版社，2013.

[3] 中国铸造协会铸管及管件分会，等. 球墨铸铁给水排水管道工程施工及验收规范 T/CFA 02010202-3—2013 [S]. 中国铸造协会，2013.

[4] 北京市政建设集团有限责任公司. 给水排水管道工程施工及验收规范 GB 50268—2008 [S]. 北京：中国建筑工业出版社，2008.

[5] 中国疾病预防控制中心环境与健康相关产品安全所，等. 生活饮用水卫生标准 GB 5749—2006 [S]. 北京：中国标准出版社，2007.

[6] 深圳市水文水质中心，等. 生活饮用水水质标准 DB4403/T 60—2020 [S]. 深圳市市场监督管理局，2020.

[7] 绍兴市水联建设工程有限公司，等. 城镇供水管网抢修技术规程 CJJ/T 226—2014 [S]. 北京：中国建筑工业出版社，2014.

[8] 中国建筑金属结构协会给水排水设备分会，等. 叠压供水技术规程 CECS 221—2012 [S]. 北京：中国计划出版社，2019.

[9] 北京市卫生防疫站，等. 二次供水设施卫生规范 GB 17051—1997 [S]. 北京：中国标准出版社，2004.

[10] 天津市供水管理处，等. 二次供水工程技术规程 CJJ 140—2010 [S]. 北京：中国建筑工业出版社，2010.

[11] 江苏省住房和城乡建设厅城市建设处，等. 居民住宅二次供水工程技术规程 DGJ32J161—2014 [S]. 南京：江苏凤凰科学技术出版社，2014.

[12] 北京物业管理行业协会，等. 住宅二次供水设施设备运行维护技术规程 DB11/T 118—2016 [S]. 北京市质量技术监督局，2016.

[13] 杭州市公用事业监管中心，等. 高层住宅二次供水设施设备运行维护技术规程 DB3301/T 0221—2017 [S]. 杭州市质量技术监督局，2017.

[14] 宁夏回族自治区人民政府办公厅印发自治区突发事件预警信息发布管理办法 [J]. 中国应急管理，2015 (12)：83.

[15] 张金松，韩小波，靳军涛. 饮用水安全保障体系现代化的思考与实践 [J]. 给水排水，2019，55 (2)：1-3，57.

[16] 徐洪福，李贵伟，金俊伟，等. 南方某市供水管网锰致"黄水"问题的成因与控制 [J]. 中国给水排水，2017，33 (5)：5-9.

[17] 何维华. 城市供水管网运行管理和改造 [M]. 北京：中国建筑工业出版社，2017.

[18] 方伟. 城市供水系统水质化学稳定性及其控制方法研究 [D]. 长沙：湖南大学，2007.

[19] 米子龙. 水源切换对给水管网水质铁稳定的影响及控制特性研究 [D]. 北京：清

华大学，2015.

[20] 董玉莲，陈诚，潘铁军，等．西江水源置换模式及管网平稳置换的保障措施 [J]．中国给水排水，2011，27（10）：7-10.

[21] 王冠，杨晓亮，宋武昌，等．给水管网水质化学稳定性判定指标及控制技术研究进展 [J]．城镇供水，2015（3）：69-72.

[22] 邬慧婷．南北方两个城市供水管网黄水问题的特性与控制技术研究 [D]．北京：清华大学，2015.

[23] 米子龙，张晓健，王洋，等．不同聚磷酸盐投加量控制管网铁释放效果比较 [J]．给水排水，2012，48（Sup2）：222-225.

[24] 鲁智礼，宛云杰，石宝友，等．磷硅系复配缓蚀剂对管网铁释放控制的中试研究 [J]．给水排水，2015，51（1）：150-155.

[25] 米子龙，张晓健，刘昀．基于氧化还原电位调节的管网铁释放控制特性 [J]．中国给水排水，2015，31（7）：1-5.

[26] 丁旭．深圳市优质饮用水入户工程实施效果评价研究 [D]．长春：吉林建筑大学，2019.

[27] 黄守渤．供水调度决策多目标状态评价体系研究 [D]．上海：同济大学，2008.

[28] 郭加强．中小缺水城市供水系统演变研究 [J]．吕梁教育学院学报，2014（1）：18-19.

[29] 郑鹰．基于GIS的某市城乡供水信息化工程管网系统的研究 [D]．西安：西安建筑科技大学，2014.

[30] 舒诗湖．城镇供水管网系统智能化管理 [J]．办公自动化，2014（Sup1）：24-28.

[31] 陈栩云．广州供水调度信息系统的综合评价 [D]．广州：华南理工大学，2012.

[32] 赵海星．给水排水管网系统耐受度指标体系的研究与应用 [D]．哈尔滨：哈尔滨工业大学，2015.

[33] 赵伟．低硬低碱条件下水质化学稳定性评价体系的构建 [D]．长沙：湖南大学，2012.

[34] 焦文海．关于水质维护的管网冲洗研究 [D]．天津：天津大学，2005.

[35] 邱迪，纪振栋，刘振．气水脉冲清洗技术在自来水管道中的应用 [J]．供水技术，2015，9（1）：46-48.

[36] 王恩斌．浅谈供水管网的管理与维护 [J]．四川水泥，2015（4）：274.

[37] 舒诗湖，郑小明，戚雷强，等．供水管网水质安全多级保障与漏损控制技术研究与示范 [J]．中国给水排水，2017，33（6）：43-46，51.

[38] 唐锐．城市供水智能监测网络系统的研究 [D]．吉林：长春工业大学，2007.

[39] 李栋安．城市二次供水管理模式探讨 [J]．技术与市场，2012，19（3）：126-127.

[40] 孔德宇，刘伟胜．二次供水水质的保障措施 [J]．城市建设理论研究（电子版），2014（3）.

[41] 谢译德．供水地理信息系统的应用与未来发展 [J]．安徽建筑，2019，26（9）：26-27.

[42] 董坤乾．城市供水管网GIS系统设计及数据质量评价 [D]．广州：华南理工大学，

2018.

[43]　葛晓丹. 江阴市供水管网 GIS 系统升级改造与应用 [D]. 哈尔滨: 哈尔滨工业大学, 2018.

[44]　班福忱, 李美然, 孙晓昕, 等. 基于城市供水管网地理信息系统的管网维护与巡检 [J]. 中国给水排水, 2016, 32 (12): 16-19.

[45]　刘明春, 王进, 邹东. 基于 GIS&GPS 技术的供水管网巡检养护系统的实现 [J]. 地理空间信息, 2016, 14 (1): 104-106, 6.

[46]　邱海雷. 供水管网维护管理系统 (PDA) 的研发和应用 [D]. 哈尔滨: 哈尔滨工业大学, 2016.

[47]　杨芳英. 供水管网突发水质事故辨识与快速隔离技术的研究 [D]. 长沙: 湖南大学, 2014.

[48]　耿冰, 王玉敏, 宋海亮. 城乡供水管网水力水质模型研究 [C] //中国城市科学研究会, 等. 第十二届中国城镇水务发展国际研讨会与新技术设备博览会论文集. 北京: 北京邦蒂会务有限公司, 2017.

[49]　夏黄建. 城市供水管网水质预警系统的研究 [D]. 长沙: 湖南大学, 2008.

[50]　刘彦辉. 供水管网水力模型应用及未来发展的思考及探讨 [C] //中国城市科学研究会, 等. 第十二届中国城镇水务发展国际研讨会与新技术设备博览会论文集. 北京: 北京邦蒂会务有限公司, 2017.

[51]　李宏佳. 沈阳市供水管网水质动态模拟研究 [D]. 哈尔滨: 哈尔滨工业大学, 2014.

[52]　孙晨刚. 供水管网水力模型系统在特大型城市供水调度中的应用 [J]. 净水技术, 2016, 35 (4): 81-87.

[53]　王鸿翔. 供水管网水质模型校正及水质监控研究 [D]. 杭州: 浙江大学, 2009.

[54]　赵迎迎. 基于实时用水模式的城市供水管网水质模型研究 [D]. 杭州: 浙江大学, 2018.

[55]　孙柏. 供水管网水力水质模型及其校核研究 [D]. 长沙: 湖南大学, 2012.

[56]　赵海峰. 城市供水水质异常检测与异常特征分析研究 [D]. 杭州: 浙江大学, 2015.

[57]　王肖颖. 城市供水水质监测与预警系统研究 [D]. 重庆: 重庆大学, 2015.

[58]　江迎春. 自来水厂去除水中微量铁锰防治"黄水"技术研究 [D]. 杭州: 浙江工业大学, 2011.

[59]　祝丹丹, 张军峰, 李涛, 等. 南水北调水源水质化学稳定性分析 [C] //中国城镇供水排水协会. 第六届海峡两岸水质安全控制技术及管理研讨会论文集. 2010: 1-6.

[60]　罗思胜, 钟永光, 陈志浩, 等. 城镇供水水质投诉原因分析及处理对策 [J]. 城镇供水, 2019, (4): 84-87.

[61]　张旭东, 张学博, 刘畅, 等. 天津滨海新区自来水嗅味事件成因分析及应急处理 [J]. 中国给水排水, 2017, 33 (13): 46-49.

[62]　石宝友, 李涛, 顾军农, 等. 北方某市水源更换过程中管网黄水产生机制的探讨 [J]. 供水技术, 2010, 4 (4): 12-15.